Espaço geográfico global

O selo DIALÓGICA da Editora InterSaberes faz referência às publicações que privilegiam uma linguagem na qual o autor dialoga com o leitor por meio de recursos textuais e visuais, o que torna o conteúdo muito mais dinâmico. São livros que criam um ambiente de interação com o leitor – seu universo cultural, social e de elaboração de conhecimentos –, possibilitando um real processo de interlocução para que a comunicação se efetive.

Espaço geográfico global

Cleiton Luiz Foster Jardeweski
André Francisco Matsuno da Frota

Rua Clara Vendramin, 58 . Mossunguê . CEP 81200-170 . Curitiba . PR . Brasil
Fone: (41) 2106-4170 . www.intersaberes.com . editora@editoraintersaberes.com.br

Conselho editorial	Capa
Dr. Ivo José Both (presidente)	Newton Cesar (*design*)
Drª Elena Godoy	Anton Khrupin e LuckyStep/Shutterstock
Dr. Neri dos Santos	(imagens)
Dr. Ulf Gregor Baranow	Projeto gráfico
Editora-chefe	Mayra Yoshizawa
Lindsay Azambuja	Diagramação
Supervisora editorial	Alfredo Netto
Ariadne Nunes Wenger	Equipe de *design*
Analista editorial	Luana Machado Amaro
Ariel Martins	Silvio Gabriel Spannenberg
Preparação de originais	Iconografia
Juliana Fortunato	Celia Kikue Suzuki
Edição de texto	Regina Claudia Cruz Prestes
Tiago Krelling Marinaska	
Natasha Saboredo	

Dados Internacionais de Catalogação na Publicação (CIP)
(Câmara Brasileira do Livro, SP, Brasil)

1ª edição, 2019.

Foi feito o depósito legal.

Informamos que é de inteira responsabilidade dos autores a emissão de conceitos.

Nenhuma parte desta publicação poderá ser reproduzida por qualquer meio ou forma sem a prévia autorização da Editora InterSaberes.

A violação dos direitos autorais é crime estabelecido na Lei n. 9.610/1998 e punido pelo art. 184 do Código Penal.

Jardeweski, Cleiton Foster
    Espaço geográfico global/Cleiton Foster Jardeweski, André Francisco Matsuno da Frota. Curitiba: InterSaberes, 2019.

    Bibliografia.
    ISBN 978-85-5972-922-1

    1. Espaço geográfico 2. Geografia política 3. Geopolítica 4. Política mundial 5. Relações internacionais I. Frota, André Francisco Matsuno da. II. Título.

18-21983   CDD-327.101

Índices para catálogo sistemático:

1. Geopolítica: Relações internacionais: Ciência política 327.101

Iolanda Rodrigues Biode – Bibliotecária – CRB-8/10014

Sumário

Apresentação | 7
Organização didático-pedagógica | 11

1. Espaço geográfico global: Geografia e Relações Internacionais | 15
   1.1 Geografia, Teoria Regional e Teoria das Relações Internacionais | 18
   1.2 Teoria das Relações Internacionais, escola de Copenhague e conceito de região | 26

2. Estrutura do espaço geográfico global | 45
   2.1 Anarquia do sistema internacional e mapa-múndi | 48
   2.2 Distribuição geográfica de capacidades dos Estados nacionais | 51
   2.3 Construção social: padrões globais de amizade e de inimizade | 62

3. Complexos regionais de segurança | 81
   3.1 Complexo regional de segurança do Oriente Médio | 83
   3.2 Supercomplexo europeu | 90
   3.3 Complexo africano | 103
   3.4 Supercomplexo asiático | 110
   3.5 Complexos norte-americano e sul-americano | 116

4. **Espaço geográfico global: espaços oceânicos | 133**
    4.1 Perspectivas da Geografia Política no estudo dos mares e dos oceanos | 135
    4.2 Convenção das Nações Unidas sobre o Direito do Mar | 144

5. **Geografia econômica global | 177**
    5.1 Teoria de comércio internacional ricardiana | 180
    5.2 Com quem se comercializa: modelo gravitacional | 186
    5.3 Nova Geografia Econômica | 188
    5.4 Globalização e regionalização | 192

Considerações finais | 207
Referências | 209
Bibliografia comentada | 223
Respostas | 225
Sobre os autores | 233
Anexos | 235

Apresentação

Esta obra representa um ponto de partida para o estudo interdisciplinar do espaço geográfico global. Três foram as áreas que contribuíram para este empreendimento: Teoria das Relações Internacionais, Oceanografia e Economia Internacional.

Por um lado, nota-se na literatura de geografia humana uma escassez de trabalhos que realizem um estudo teórico do espaço geográfico global – ora tido como uma escala de representação, ora tido como um nível de análise, ora instrumentalizado apenas como disciplina curricular; por outro lado, o espaço, como dimensão da realidade observável, continua produzindo impactos na atividade humana individual e coletiva e recebendo impactos dessas mesmas atividades. Nesse sentido, o projeto proposto por esta obra parte da constatação de que o estudo sistemático do espaço geográfico global, quando realizado de modo interdisciplinar, contribui para o avanço da Geografia como disciplina acadêmica e, sobretudo, para o entendimento de como o espaço, como objeto de estudo, demanda investigação coletiva e transfronteiriça.

Iniciamos o conteúdo com três ciclos de exposição que estabelecem diálogo direto entre a geografia e a Teoria das Relações Internacionais em geral, e entre a Teoria Regional e a escola de Copenhague em particular. O Capítulo 1 propõe uma discussão epistemológica entre ambos os campos do conhecimento citados e procura demonstrar como essas áreas surgiram com um objeto comum – o estudo da guerra –, para, em seguida, adotarem caminhos independentes de desenvolvimento intelectual e institucional. O capítulo é encerrado com a apresentação de uma perspectiva de estudo que permite estabelecer uma aproximação tanto com a geografia quanto com as Relações Internacionais, conhecida como *escola de Copenhague*. Essa perspectiva representa uma proposta contemporânea que tem como base axiológica uma categoria espacial de investigação: os *complexos regionais de segurança*. O nome vincula três dimensões ou pilares dessa teoria: 1) a complexidade como uma abordagem que tem o objetivo de integrar conceitos historicamente antagônicos; 2) a região como categoria analítica e escala de análise; 3) a segurança como conceito-base no qual a sobrevivência é reconhecida como dimensão prioritária dos Estados Nacionais.

O Capítulo 2 visa proporcionar recursos empíricos de pesquisa para a instrumentalização do estudo da segurança internacional. Com base na síntese sugerida pela escola de Copenhague, quatro variáveis-chave foram selecionadas: 1) a anarquia internacional, conceito-base para o estudo do sistema internacional; 2) o desenho geográfico do sistema internacional; 3) a distribuição das capacidades relativas dos Estados Nacionais; 4) o padrão de relação estabelecido entre as unidades do sistema internacional. Cada uma das variáveis foi explorada com o auxílio de indicadores empíricos na forma de índices numéricos e espaciais, com o objetivo de contribuir para a instrumentalização dessa metodologia e a replicação de maneira autônoma.

O Capítulo 3 busca apresentar a estrutura da segurança internacional de acordo com o modo como o espaço geográfico global pode ser dividido e classificado em oito grandes regiões: complexo do Oriente Médio, complexo africano, complexos da Europa Ocidental e pós-soviético, complexo norte-americano, complexo sul-americano, complexos leste-asiático e sul-asiático. Cada um dos grupos foi investigado por sua estrutura básica de funcionamento, levando em consideração a razão pela qual o espaço global está estruturado regionalmente por essa proposição, quando a segurança é colocada como variável-chave.

O Capítulo 4 busca apresentar a Geografia Política internacional relacionada à governança oceânica e à segurança marítima por meio de uma exposição sintética sobre a Convenção das Nações Unidas para o Direito do Mar e sua inter-relação com o espaço geográfico global. Esse capítulo pretende estabelecer um diálogo direto entre a geografia e a oceanografia como modo de demonstrar o potencial explicativo combinado de ambas as disciplinas para o estudo dos espaços oceânicos.

O Capítulo 5 procura estabelecer um diálogo com a economia internacional, em especial com os fatores que influenciam a distribuição espacial da atividade econômica, desde os pressupostos da teoria ricardiana do comércio internacional, da teoria gravitacional do comércio internacional, até a nova geografia econômica e a dicotomia globalização/regionalização. O objetivo epistemológico desse capítulo, portanto, é a aproximação entre geografia e economia como procedimento básico de investigação do espaço geográfico global.

Em vias de síntese, este livro representa um projeto no qual o estudo do espaço é entendido mediante ciclos de diálogo entre tradições disciplinares que, em certa medida, incluíram o espaço na perspectiva de estudo do sistema internacional, da economia internacional ou da oceanografia. Cada um dos capítulos apresenta, em sua parte final, uma proposta de regionalização na qual os conceitos de ambas as disciplinas são combinados em mapas-síntese de estudo.

Organização didático-pedagógica

Esta seção tem a finalidade de apresentar os recursos de aprendizagem utilizados no decorrer da obra, de modo a evidenciar os aspectos didático-pedagógicos que nortearam o planejamento do material e como o aluno/leitor pode tirar o melhor proveito dos conteúdos para seu aprendizado.

Introdução do capítulo
Logo na abertura do capítulo, você é informado a respeito dos conteúdos que nele serão abordados, bem como dos objetivos que o autor pretende alcançar.

Síntese
Você conta, nesta seção, com um recurso que o instigará a fazer uma reflexão sobre os conteúdos estudados, de modo a contribuir para que as conclusões a que você chegou sejam reafirmadas ou redefinidas.

Indicações culturais

Nesta seção, os autores oferecem algumas indicações de materiais escritos, filmes ou *sites* que podem ajudá-lo a refletir sobre os conteúdos estudados e permitir o aprofundamento em seu processo de aprendizagem.

Atividades de autoavaliação

Com estas questões objetivas, você tem a oportunidade de verificar o grau de assimilação dos conceitos examinados, motivando-se a progredir em seus estudos e a se preparar para outras atividades avaliativas.

Atividades de aprendizagem

Aqui você dispõe de questões cujo objetivo é levá-lo a analisar criticamente determinado assunto e aproximar conhecimentos teóricos e práticos.

Bibliografia comentada

Nesta seção, você encontra comentários acerca de algumas obras de referência para o estudo dos temas examinados.

even
I

Espaço geográfico global: Geografia e Relações Internacionais

Este capítulo contempla a execução de dois objetivos argumentativos: 1) apresentar a você uma aproximação entre a Teoria Regional, a Geografia e a Teoria das Relações Internacionais; 2) apresentar os fundamentos teóricos dos complexos regionais de segurança (Buzan; Waever, 2003). Com isso, procuramos auxiliá-lo na tarefa central desta obra: regionalizar o espaço geográfico global mediante critério geoestratégico.

A opção inicial pela aproximação entre a Teoria Regional, como um subcampo de estudos endógeno da Geografia, e a Teoria das Relações Internacionais, campo de produção independente e, em grande medida, formado pela influência da filosofia política moderna, da história moderna e contemporânea, da economia política internacional e da teoria política, justifica-se pelo potencial explicativo encontrado na interseção entre esses múltiplos campos na formação do espaço geográfico global. No entanto, embora a proposta apresentada sinalize um projeto interdisciplinar, o marco teórico identificado com a escola de Copenhague já sumariza esse empreendimento na medida em que utiliza uma categoria analítica espacial para responder dicotomias próprias ao debate da Teoria das Relações Internacionais; e, ao fazê-lo, permite que essa escola seja reconhecida, em termos epistemológicos, como uma proposta geográfica.

O argumento aqui sugerido, portanto, procura sinalizar a existência de uma escola criada no âmbito da Teoria das Relações Internacionais, mas com um núcleo argumentativo de base espacial ou, de modo mais preciso, de base regional. A estrutura desta seção é dividida da seguinte maneira: em primeiro plano, uma apresentação cronológica da evolução da Teoria Regional e da Teoria das Relações Internacionais como campos independentes de produção intelectual e institucional; em seguida, uma apresentação do núcleo básico da escola de Copenhague.

1.1 Geografia, Teoria Regional e Teoria das Relações Internacionais

A Geografia e a Teoria das Relações Internacionais evoluíram como campos, tanto teóricos quanto institucionais, de produção independente do conhecimento. Desde a publicação dos trabalhos produzidos pela Geopolítica Clássica, a origem comum de ambas, a Teoria das Relações Internacionais constituiu uma disciplina autônoma e se dividiu em quatro células-fonte de interpretação: realismo, liberalismo, construtivismo e marxismo[1]. já a geografia se dividiu, de maneira contemporânea, em pragmática, crítica, cultural e físico-ambiental[2]. Ambas elaboraram discursos particulares e categorias próprias de interpretação; a Geografia, em especial, estabeleceu as categorias de espaço, território, região, lugar e paisagem como recortes de escala necessários para a investigação de seus temas. De modo paralelo e independente, a Teoria das Relações Internacionais dividiu a pesquisa em

---

1. Sarfati (2005) apresenta um mapa conceitual da Teoria das Relações Internacionais no qual a evolução da disciplina deriva de uma pré-história influenciada por três células autônomas de conhecimento: realismo clássico, idealismo ou liberalismo clássico e marxismo. Dessas três células básicas surgiram as derivações dos teóricos da dependência e do sistema-mundo, aperfeiçoamentos do marxismo; o realismo moderno e o neorrealismo, derivações do realismo clássico; e o institucionalismo, a interdependência e a interdependência complexa, ramificações do idealismo, ou liberalismo clássico. Como teoria contemporânea e influenciada por uma virada epistemológica, o construtivismo apareceu no fim dos anos 1980 e passou a ser identificado como uma escola independente de interpretação das relações internacionais. A árvore de teorias citadas, portanto, foi organizada por Sarfati (2005) em uma genealogia na qual três núcleos básicos formam a origem da disciplina: realismo, idealismo e marxismo, complementados pela introdução contemporânea da perspectiva construtivista. Em síntese, as quatro células representam os fundamentos argumentativos e discursivos da Teoria das Relações Internacionais.

2. A divisão sugerida deriva da proposição apresentada por Moraes (2007).

camadas ou níveis de análise, tradicionalmente conhecidos como *nível sistêmico, nível estatal* e *nível individual*[3].

Os caminhos percorridos pelas duas disciplinas científicas tiveram uma longa fase de distanciamento institucional após o ciclo de produção da Geopolítica Clássica. Mesmo que tenham tido uma fonte de inspiração inicial comum, com o fenômeno e o estudo da guerra, os caminhos institucionais adotados pela Geografia e pelas Relações Internacionais foram percorridos de maneira independente e, muitas vezes, sem qualquer comunicação. A inversão do distanciamento pôde ser reconhecida mediante a influência de uma nova configuração do sistema internacional, ocasionada pelo fim da Guerra Fria, que alterou a estrutura do sistema em direção a uma configuração multipolar que, a partir da década de 1990, passou a iniciar a formação de subsistemas regionais como dimensões independentes de investigação. O ponto de encontro entre a Geografia, em geral, e a Teoria Regional, em particular, com a Teoria das Relações Internacionais passou a ser possibilitado pela influência material, institucional e teórica do regionalismo no pós-Guerra Fria.

O início reconhecível da emergência do regionalismo nos estudos de segurança internacional recebeu uma primeira influência com o início dos processos de independência no sistema internacional, resultantes, prioritariamente, do enfraquecimento temporário dos Estados envolvidos com a Primeira e a Segunda Guerras Mundiais. O próprio número formal de Estados reconhecidos, bem como seus crescentes pesos demográficos e a pressão

---

3. A divisão em níveis de análise foi elaborada por Waltz (2004) em razão da necessidade de responder a uma das perguntas fundadoras da disciplina de Relações Internacionais: a natureza das relações internacionais é orientada pela guerra ou pela paz? O autor propõe uma divisão, em níveis de análise, para explicar a permanência da guerra ou da paz nas relações internacionais em três níveis: sistema internacional, Estado e indivíduo.

que passaram a representar para o sistema como um todo[4], introduziram um grau de autonomia política para regiões do sistema antes submetidas ao controle político de metrópoles, de países e mesmo de impérios.

A descolonização e a independência dessas recém-estabelecidas unidades políticas independentes[5] inauguraram a criação de Estados pós-coloniais formalmente autônomos, mas ainda submetidos aos constrangimentos criados pela forma bipolar do sistema internacional. Se, por um lado, o fim da Segunda Guerra Mundial enfraqueceu o domínio relativo das potências europeias sobre suas respectivas colônias, por outro, o novo desenho do sistema internacional, notadamente bipolar, redefiniu os sistemas de alianças e a orientação do jogo entre os dois atores, protagonistas do sistema, e suas áreas de influência.

Nesse sentido, a autonomia dos Estados pós-coloniais respondeu a duas fases de redefinição da geometria do sistema internacional: de multipolar para bipolar, caracterizada pelo fim da Segunda Guerra e o início da Guerra Fria, seguida da transição entre bipolar e multipolar, com o fim da antiga União das Repúblicas Socialistas Soviéticas (URSS). As duas fases de transição deram espaço para o surgimento de um nível adicional de análise na Teoria das Relações Internacionais, que vai diretamente ao encontro dos interesses de pesquisa da Teoria Regional como disciplina própria da Geografia.

O panorama dos estudos de segurança internacional, roupagem nova para o campo original de estudos da Geopolítica,

---

4. Hobsbawm (1995) destaca a multiplicação de Estados independentes. No continente africano, em 1939, apenas um Estado era reconhecido; na segunda metade do século, já eram 50. Na Ásia, o número de Estados quintuplicou e, mesmo nas Américas, uma dúzia de Estados foi acrescentada.

5. Bull (2002) define uma comunidade política independente mediante a existência de autonomia para a produção de políticas internas e internacionais.

foi dividido pelos internacionalistas em três perspectivas após o fim da Guerra Fria: a regionalista, conforme citada e justificada anteriormente, a globalista e a neorrealista[6]. A primeira perspectiva, ponto de encontro direto entre a Geografia, a Geopolítica e a Teoria das Relações Internacionais, passou a estar no centro do debate pela influência material da mudança na composição de forças do sistema internacional, ao abrir espaço para o fortalecimento da autonomia relativa das regiões.

As perspectivas globalista e neorrealista, em suas formas puras, representaram tentativas antagônicas de demonstrar a influência decisiva de novos atores, como as empresas, as organizações internacionais e os indivíduos na formação de redes de relações mutuamente dependentes e custosas (Keohane; Nye, 1987, 2001; Keohane, 2002); ou, no extremo oposto neorrealista, demonstrar a manutenção da função do Estado e de um sistema internacional formado pelo jogo de forças entre os únicos atores com reais capacidades militares. A dualidade globalismo/neorrealismo configurou a tônica dos debates em Relações Internacionais até o fim da Guerra Fria[7] e manteve uma dicotomia na história da disciplina, que ficou conhecida como o *quarto grande debate da Teoria das Relações Internacionais* (Keohane; Nye, 1987, 2001; Keohane, 2002).

A emergência do regionalismo como uma alternativa teórica ao quarto debate da Teoria das Relações Internacionais possibilitou a criação de uma perspectiva de investigação intermediária entre globalistas e neorrealistas ao introduzir a região como categoria-chave para o entendimento dos desafios à segurança

---

6. A divisão foi proposta por Buzan e Waever (2003).
7. Para mais informações sobre os debates na Teoria das Relações Internacionais, ver a divisão na evolução em Nogueira e Messari (2005, p. 3).

internacional, bem como ao fornecer uma dimensão de síntese para a dicotomia citada. Ambas as razões aproximam as possibilidades de contribuição da Geografia para o fortalecimento das possibilidades de interpretação do papel da região no tabuleiro teórico e prático das Relações Internacionais.

A sequência da investigação procura diferenciar o entendimento histórico do conceito de *região* para a Geografia do significado e do uso instrumental desse mesmo conceito, tal como adotado pela Teoria das Relações Internacionais.

1.1.1 Geografia e Teoria Regional

De maneira sucinta, a região, como objeto de investigação para a Geografia, surgiu concomitantemente à formação dos Estados Nacionais, bem como aos conceitos *nação, comunidade territorial, território* ou mesmo *unidades administrativas* (Castro; Gomes; Corrêa, 2010). A primeira tarefa na produção de uma teoria regional em formação era o distanciamento necessário de um entendimento circunscrito ao uso político do termo ou a um uso cotidiano, e não acadêmico[8], de modo que a Geografia, após identificar certo núcleo comum ao conceito, vinculado a três componentes básicos – localização, extensão e gestão de dado espaço –, criou fórmulas e escolas de produção teórica próprias sobre o conceito.

A primeira escola de interpretação da geografia, criada em torno de uma abordagem regional e conhecida como *escola francesa*, tem em Vidal de La Blache o protagonista de seu ciclo de produção intelectual. O *Tableau de la géographie de la France*, escrito em 1903

---

8. A palavra *região* surgiu de modo clássico por sua gênese latina do termo *regere*, que dá origem a "regência" ou "regra", e do termo *regione*, criado pelos romanos para designar áreas que estavam subordinadas ao Império Romano. Em certa medida, a região representava uma extensão espacial do poder central, com grau reduzido de autonomia (Castro; Gomes; Corrêa, 2010).

por La Blache, apresenta uma classificação regional inspirada nas ciências naturais, que, por um lado, serve de base para o desenvolvimento do conceito de região natural, e, por outro, estrutura um roteiro de como conduzir estudos regionais. Lucien Gallois, cinco anos mais tarde, publicou o *Régions naturelles et noms de pays*, que explora o impacto das características físicas da Gália Transplatina no comportamento das populações ali residentes. Para La Blache e Gallois, o conceito de *região natural* surge da ideia-base de que o ambiente exerce certo domínio sobre o comportamento social (Castro; Gomes; Corrêa, 2010).

O contexto no qual essa ideia-base surgiu derivou da necessidade de responder à fonte de inspiração principal de La Blache: Friedrich Ratzel, que representou um ciclo de produção teórica sobre o espaço em torno da noção de espaço vital. Ao contrário de uma abordagem propriamente regional, no sentido estrito da expressão, Ratzel propõe um conjunto de características mínimas para a sobrevivência do Estado, o qual tem nos recursos naturais e humanos sua fonte de sustentação. Portanto, a resposta dada por La Blache a Ratzel procurou distanciar o peso determinista das ideias deste sobre o espaço, ainda que tenha incorporado a influência de características naturais no comportamento populacional. A História da Geografia intitulou essa dinâmica como o "debate entre deterministas e possibilistas", e foi no centro dessa discussão que a abordagem regional emergiu como teoria em formação.

As características deixadas pela abordagem regional francesa para a Teoria Regional Clássica foram um legado clássico no qual a regionalização seria o produto final do trabalho do geógrafo. Como menciona Gomes (2010), "através da região, a geografia garantiria um objeto próprio, um método específico e uma interface particular entre a consideração dos fenômenos físicos e humanos combinados e considerados em suas diferenças locais" (Castro; Gomes; Corrêa, 2010, p. 59). Em termos metodológicos, as bases do modo de se fazer uma geografia regional derivaram das influências kantiana e neokantiana, nas quais a idiografia era o objetivo. As ciências idiográficas seriam responsáveis pela identificação das particularidades que definem a própria ontologia da regionalização. Enquanto o movimento científico positivista, orientado em torno da identificação de leis gerais e de padrões de repetição na realidade observável, expandia-se como método científico por excelência, a idiografia representou uma alternativa adaptada à compreensão dos fenômenos humanos e sociais em conjunto. A descrição realizada pelo trabalho expedicionário de geógrafos, prioritariamente alemães e franceses, esteve na gênese do estabelecimento de uma Teoria Regional em formação.

Entretanto, a evolução da Teoria Regional passou a estar submetida a um conjunto de críticas derivadas de contextos históricos e filosóficos sequenciais. A primeira crítica pertinente à abordagem clássica regional derivou da posição ocupada pelo perfil de publicação elaborado pela Geografia, realizado pelas monografias regionais, cuja ausência de relações de causalidade, de correlações, de modelos e de padrões de comportamento resultou no questionamento da validade acadêmica desses trabalhos. As críticas ao perfil excepcionalista atribuído ao ciclo de publicação regional clássico provocaram o desenvolvimento de uma forma de investigação em que a regionalização constitui uma técnica de demonstração e de tentativa de comprovação de uma tese ou hipótese. A "análise regional" estabelecida pelo norte-americano Richard Hartshorne, em 1939, representou essa fase de adaptação da Teoria Regional em direção às ciências nomotéticas, em que se buscam leis gerais, regras e padrões.

Em seguida às contribuições sugeridas pela "análise regional", vieram duas outras perspectivas que estabeleceram uma contraposição ao ponto de partida regional clássico: a crítica da geografia radical à inexistência da identificação de componentes ideológicos do discurso regionalista e a crítica da geografia humanista à ausência de engajamento direto do pesquisador com o fenômeno observado. As duas foram desenvolvidas pela evolução da Geografia como disciplina acadêmica e trouxeram a influência do diálogo que a disciplina estabeleceu com o marxismo e com o pós-positivismo, traduzidos pela geografia radical e pela geografia humanista, respectivamente.

Ambas as contribuições críticas terminaram por atingir o perfil de publicação teórico e metodológico realizado historicamente pela abordagem regional clássica. Enquanto a geografia radical enfatizou a ausência de sentido político das monografias regionais, pela natureza descritiva e acrítica de seu objeto, a geografia humanista demonstrou a ausência de um conceito que captasse a dimensão vivida pelas populações que habitavam as regiões estudadas na abordagem clássica.

Em síntese, as três perspectivas apresentadas pela evolução da Geografia Regional – notadamente a contribuição nomotética ao estudo regional; a crítica radical e política ao componente desengajado das monografias regionais; e a ausência de participação direta do pesquisador na produção de um conhecimento regional – estabeleceram três debates centrais para a formação de uma teoria regional: a) o debate entre a região como método ou finalidade, representado pelas perspectivas norte-americana e francesa, respectivamente; b) o debate entre a neutralidade ou o engajamento da Teoria Regional, identificado pela crítica marxista; c) o debate entre a região como dimensão *a priori* ou fenômeno construído na relação do pesquisador com o objeto, finalmente identificado com a dicotomia positivismo *versus* pós-positivismo.[9] Os três debates, portanto, resumem as tendências de pesquisa nas quais a região foi – e se mantém – uma categoria analítica familiar à Geografia, seja qual for a perspectiva de estudo regional adotada pelo pesquisador.

1.2 Teoria das Relações Internacionais, escola de Copenhague e conceito de região

Ao contrário da história do conhecimento geográfico, em que a abordagem regional e a Geografia como disciplina evoluíram de maneira quase dialética, a Teoria das Relações Internacionais nasceu como um aperfeiçoamento da Geopolítica Clássica e, em seguida, distanciou-se da vinculação entre guerra, segurança e espaço. A emergência de um estudo contemporâneo que retomasse a relação entre segurança e espaço foi elaborado por Buzan e Waever (2003)[10]. O objetivo foi demonstrar a lacuna deixada pela Teoria das Relações Internacionais devido à preponderância dos níveis de análise do Estado Nacional ou do sistema internacional. De fato, a segurança internacional esteve vinculada à influência decisiva do realismo e do neorrealismo como teorias explicativas da existência e da permanência da guerra; no entanto, a literatura se aproximou do uso teórico de disciplinas correlatas,

---

9. Castro, Gomes e Corrêa (2010) apontam ainda para um quarto debate entre uma região humana e uma região física ou natural.

10. A formação da tese apresentada pelos autores pode ser encontrada, de modo evolucionário nas seguintes referências: Buzan (1991), Buzan e Waever (1998a, 1998b, 2003) e Buzan e Rizvi (1986).

como História, Ciência Política, Economia Internacional e Direito Internacional, e negligenciou as contribuições metodológicas e técnicas da Geografia. Em certa medida, Buzan e Waever (2003) restabeleceram esse diálogo com a proposta de análise que representa um nível intermediário entre o sistema internacional e os Estados Nacionais: as regiões.

A abordagem defendida por Buzan e Waever (2003, p. 43, tradução nossa) define regiões "especificamente em termos funcionais de segurança"[11]. Essa perspectiva oferece uma classificação do sistema internacional em **complexos regionais de segurança** (CRS)[12], um conceito guarda-chuva que baliza um grande esforço de produção acadêmica dentro do conjunto de intervenções teóricas realizado pelo que ficou designado, pela literatura, como *escola de Copenhague*[13].

A primeira definição criada para CRS foi "um grupo de Estados cujas preocupações primárias de segurança se conectam suficientemente próximas, tal que suas seguranças nacionais não podem ser razoavelmente consideradas separadamente umas das outras" (Buzan, 1983, p. 106, citado por Buzan; Waever, 2003, p. 44, tradução nossa)[14]. Essa definição mostra a preocupação do autor em demonstrar como a segurança era uma dimensão que necessitava de um tratamento no qual as estratégias de sobrevivência de um Estado, bem como suas políticas externa e de defesa,

---

11. Do original "specifically in the functional terms of security" (Buzan; Waever, 2003, p. 43).
12. Ver "anexo 1", com mapa geral dos complexos regionais de segurança.
13. A criação de uma escola deriva da abrangência da obra desses autores tanto ao apresentar uma proposição regional de análise quanto ao empreender uma tentativa de síntese entre distintos marcos teóricos da disciplina, como o neorrealismo, a interdependência e o construtivismo; bem como ao propor uma definição ampliada do conceito de segurança.
14. Do original: "a group of states whose primary security concerns link together sufficiently closely that their national securities cannot reasonably be considered apart from one another" (Buzan; Waever, 2003, p. 44, citado por Buzan, 1983, p. 106).

se influenciassem mutuamente. Em outras palavras, o tabuleiro regional era uma dimensão que os autores intencionaram enfatizar:

> O nível regional é aquele no qual os extremos da segurança nacional e global interagem, e onde ocorre a maioria das ações. O quadro geral se trata da conjunção de dois níveis: a interação das potências globais no nível do sistema e grupos de estreita interdependência em segurança a nível regional (Buzan; Waever, 2003, p. 43, tradução nossa)[15]

A definição supracitada está situada sob dois fundamentos conceituais: um sistema global de Estados Nacionais e um sistema de relações entre Estados Nacionais regionalmente interdependentes. Ambos representam a incorporação de categorias analíticas originadas em escolas teóricas aparentemente antagônicas, mas que refletem dois fundamentos conceituais da teoria dos CRS. Para o primeiro conceito-base, identificado com as unidades do sistema, notadamente os Estados Nacionais, os autores partem das premissas neorrealistas da estrutura anárquica do sistema internacional. De fato, a noção de complexos regionais de segurança amplia os horizontes da arquitetura teórica desenvolvida pelos neorrealistas, chamados também de *realistas estruturais* por admitirem o uso de premissas básicas desses autores e combinarem a arquitetura conceitual, pautada na mecânica do sistema internacional, com o conceito de interdependência, próprio dos autores neoliberais da Teoria das Relações Internacionais.

---

15. Do original "The regional level is where the extremes of national and global security interplay, and where most of the action occurs. [...] The general picture is about the conjunction of two levels: the interplay of the global powers at the system level, and clusters of close security interdependence at regional level" (Buzan; Waever, 2003, p. 43).

Entretanto, para além de um entendimento abrangente dessas escolas, o que interessa nesta obra é o uso instrumental que os conceitos de *estrutura anárquica do sistema internacional* e de *interdependência* destinam para a formação de complexos regionais de segurança. De modo sumário, a noção de estrutura do sistema internacional significa a disposição dos Estados Nacionais, considerados as unidades básicas do sistema, em relação aos demais, o que significa a existência de variações em três capacidades de cada um desses Estados: a) capacidades militares; b) capacidades econômicas; c) capacidades políticas. Em conjunto, as capacidades condicionam a autonomia dos Estados Nacionais ao permitirem que o emprego de força militar, de decisões políticas e de decisões econômicas seja tomado à revelia do interesse dos demais Estados. Como consequência, na medida em que cada Estado tem possibilidades de ação autônoma, o sistema é formado pelo conjunto de unidades que se comportam de forma independente (Waltz, 2002).

Adicionalmente, a disposição e sobretudo a maneira como os Estados Nacionais estão organizados sumarizam a abordagem neorrealista sobre o sistema internacional. Como resultado dessas disposições, Waltz (2002) considera, portanto, três possibilidades de organização: a) multipolar, na qual existe um grupo de Estados com capacidades militares, econômicas e políticas, formado em geral por três ou mais Estados relevantes; b) bipolar, na qual dois Estados dividem a maior parte da força militar ou mesmo econômica e política; c) supranacional, que nunca ocorreu na história mundial e implica a existência de um Estado que se sobreponha, em absoluto, às três capacidades dos demais membros. Essas configurações resumem o espaço de possibilidades de configuração do sistema internacional quando sua estrutura é considerada. Em termos históricos, duas formas já foram adotadas: a bipolar, exemplificada pela fase de divisão entre Estados Unidos e URSS ao longo do século XX; e a multipolar, na fase do pós-Guerra Fria.

Em resumo, a abordagem elaborada por Waltz (2002) constitui o ponto de partida teórico na formação dos CRS. O que distingue estruturalmente as teorias é o nível de análise em que cada uma está inserida: o realismo estrutural no nível sistêmico e os CRS no nível regional. A distinção permite que as premissas adotadas pelo realismo estrutural sejam aplicadas em contextos menos abrangentes, bem como passem a estar vinculadas intrinsecamente a uma variável espacial. De fato, uma das críticas às quais a elaboração desenvolvida por Waltz foi submetida foi a inexistência de uma configuração territorial, na qual o jogo de forças estabelecido entre as múltiplas unidades do sistema ocorre. Essa lacuna é preenchida pela proposição regionalista.

De modo paralelo e complementar, o conceito neoliberal de *interdependência* compõe o segundo fundamento da teoria citada. Originalmente elaborado com o objetivo de demonstrar o modo como as relações entre os Estados Nacionais ocorreram na história, contribui para demonstrar os condicionantes nas relações entre esses Estados e que forçam a tomada de decisões militares, econômicas e políticas de acordo com o perfil da aglomeração de Estados vizinhos. A justificativa para essa afirmação deriva de duas razões complementares: em primeiro lugar, a própria definição de interdependência, que pressupõe a existência de graus de dependência mútua entre Estados Nacionais[16], atrelados a relações que implicam custos e em impactos de decisões tomadas de maneira individualizada; em segundo lugar, devido à segurança desses Estados depender, em grande medida, das opções

---

16. A definição é dada por Keohane e Nye (2001), que não se limitam às relações entre os Estados Nacionais e consideram as demais unidades como atores do sistema internacional: cidades, empresas transnacionais, organizações internacionais, organizações não governamentais (ONGs) internacionais, grupos terroristas. Esse conjunto de atores é mais amplo do que o dos neorrealistas, restritos apenas à posição ocupada pelos Estados no sistema internacional.

militares adotadas pelos Estados vizinhos. A duas indicam como a interdependência entre os Estados está submetida à influência da região na qual estão inseridos.

Em conjunto, a existência de um sistema anárquico formado por Estados Nacionais, aglomerados por relações de interdependência, são as bases conceituais que fornecem os fundamentos de um CRS. Como resultado dessas assertivas, Buzan e Waever (2003) propõem um mapa-síntese, com a proposta de regionalização do espaço geográfico global mediante a dimensão da segurança internacional (Mapa 1.1).

Mapa 1.1 – Complexos regionais de segurança

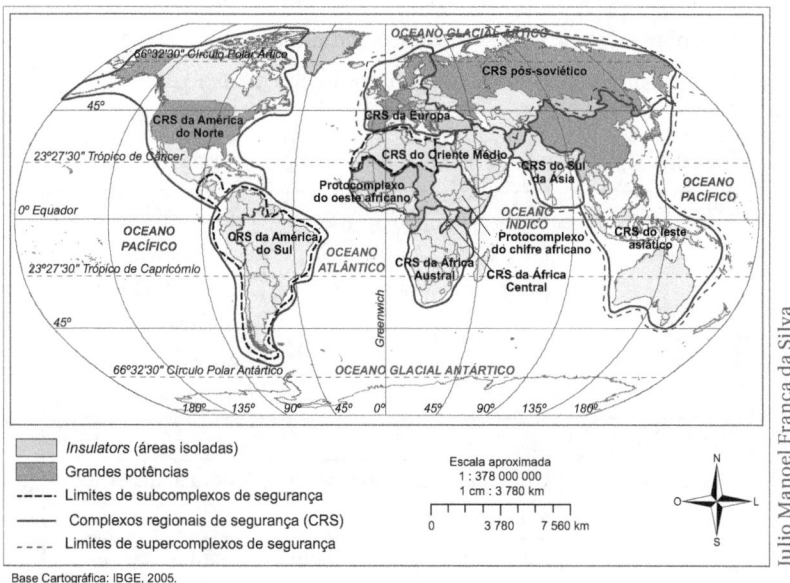

Base Cartográfica: IBGE, 2005.

Fonte: Buzan; Waever, 2003, p.3, tradução nossa.

Em linhas gerais, o mapa é dividido em nove complexos regionais: norte-americano, sul-americano, europeu, pós-soviético, sul-africano, centro-africano, Oriente Médio, sul-asiático e sudeste asiático, que representam a unidade regional básica de análise, tal como foi elaborada e justificada pela teoria até aqui descrita. Os demais termos apontados na legenda são *insulators*, ou "áreas isoladas"; *buffers*, ou "áreas de amortecimento"; áreas de *overlay*, que indicam sobreposição entre dois complexos; e subcomplexos ou supercomplexos, que reduzem a escala de aplicação da unidade básica dos complexos regionais ou exacerbam suas características, respectivamente.

Cada um dos complexos regionais apresenta uma tipologia derivada da relação entre três dimensões ou níveis de análise: sistema internacional, sistemas regionais e Estados Nacionais. Diante da necessidade de investigar essa relação, Buzan e Waever (2003) propõem uma classificação na qual são divididos tipos de complexo de segurança de acordo com o perfil de relação entre as três dimensões, como demonstrado no Quadro 1.1.

Quadro 1.1 – Resumo dos tipos de complexos de segurança

Tipo	Fatores-chave	Exemplo(s)
Padrão	Polaridade determinada por potências regionais	Oriente Médio, América do Sul, Sudeste da Ásia, Chifre da África, África Austral
Centralizado		
Superpotência	Unipolar, centrado em uma superpotência	América do Norte
Grande potência	Unipolar, centrado em uma grande potência	Comunidade dos Estados Independentes, potencialmente o Sul da Ásia

(continua)

(Quadro 1.1 - conclusão)

Tipo	Fatores-chave	Exemplo(s)
Potência regional	Unipolar, centrado em uma potência regional	Nenhum
Institucional	Regiões adquirem qualidade de atores por meio das instituições	União Europeia
Grande potência	Bi ou multipolar, com grandes potências, como os polos regionais	Europa pré-1945, Leste da Ásia
Supercomplexos	Forte nível inter-regional de segurança, decorrente da repercussão de grande poder em regiões adjacentes	Leste e Sul da Ásia

Fonte: Buzan; Waever, 2003, p. 62, tradução nossa.

A lógica que distingue as múltiplas categorias deriva do grau de intervenção com que um Estado, considerado como grande ou superpotência, interfere na geometria do complexo regional. No perfil padrão de interação, não existe grande ou superpotência. Exemplificado pelo complexo regional do Oriente Médio, o tipo de impacto que isso acarreta para o sistema é descrito por Buzan e Waever (2003, p. 55, tradução nossa) como: "dentro de um CRS padrão, o principal elemento das políticas de segurança é o relacionamento entre as potências regionais dentro da região. A relação delas estabelece os termos para as potências menores e para a penetração das potências globais do CRS"[17].

O segundo tipo de relação foi exemplificado pelo impacto acarretado por uma superpotência, como é o caso dos EUA na América do Norte, identificado pelo conceito de padrão "centrado" de interação entre regiões e potências.

---

17. Do original "within a standard RSC the main element of security politics is the relationship among the regional Powers inside the region. Their relation set the terms for the minor power and for the penetration of the RSC global powers" (Buzan; Waever, 2003, p. 55).

A terceira forma indica a presença não apenas de potências, mas de processos de integração em estágio avançado, como é o caso da União Europeia (EU).

Por fim, o último padrão é o de supercomplexidade na interação entre potências e regiões, identificado pela influência especial da China, da Índia e do Japão na relação com o leste asiático e o Sul da Ásia.

A estrutura essencial de um CRS pode ser descrita mediante quatro variáveis independentes (Buzan; Waever, 2003):

1. estrutura anárquica do sistema;
2. desenho geográfico do complexo regional;
3. distribuição de capacidades dos atores do complexo regional, o que indica a polaridade do sistema;
4. construção social, que indica padrões de amizade ou de inimizade entre as unidades do sistema.

As quatro variáveis-chave representam o esforço de análise e de síntese regional da escola de Copenhague. Como procuramos demonstrar, as relações internacionais podem ser investigadas por uma abordagem regional contemporânea que permite a integração e o diálogo entre os três marcos teóricos de Relações Internacionais: neorrealismo, interdependência e construtivismo, projeto já consolidado pela escola de Copenhague. O componente teórico regional e que estabelece um diálogo direto com a Geografia deriva da relação pouco explorada entre a literatura de Relações Internacionais e a abordagem regional elaborada pela História da Geografia.

Síntese

Neste capítulo, buscamos apresentar uma aproximação entre a Geografia e a Teoria das Relações Internacionais, adotada como maneira de demonstrar que o estudo do espaço geográfico global, em termos ideais, pode ser realizado mediante estratégia interdisciplinar. A busca pela interdisciplinaridade, portanto, foi a escolha adotada para esta obra; nesse sentido, tentamos demonstrar como as duas disciplinas citadas representam campos de estudo que podem elaborar proposições sobre o espaço geográfico global, uma vez que identificam, nesse nível de análise, um objeto disciplinar: seja como sistema internacional, seja como espaço global.

Por fim, encerramos com a apresentação da escola de Copenhague, que derivou da centralidade do conceito de região nesta obra, em especial na maneira como o espaço geográfico global é regionalizado.

Indicações culturais

BULL, H. **A sociedade anárquica**: um estudo da ordem na política mundial. Brasília: Ed. da UnB, 2002.

Hedley Bull apresenta uma reflexão da política mundial sob a ótica da sociedade internacional, ou seja, uma ordem internacional pautada, até certo ponto, na ideia de lei natural de Hugo Grotius e de valores mínimos, valores elementares para o funcionamento de uma sociedade internacional. Além disso, reflete sobre temas como equilíbrio de poder global, potências mundiais e Direito Internacional.

Atividades de autoavaliação

1. "A região é uma realidade concreta, física, ela existe como um quadro de referência para a população que aí vive. Enquanto realidade, esta região independe do pesquisador em seu estatuto ontológico" (Gomes, 2010, p. 57). Por meio dessa reflexão e com base neste capítulo, indique se as afirmativas a seguir são verdadeiras (V) ou falsas (F):

    ( ) A abordagem regional na Geografia teve no espaço debate entre deterministas e possibilistas para emergir como perspectiva de estudos, os quais se utilizaram da influência do espaço regional para explicar como o ambiente impacta em comportamentos sociais em dadas regiões.

    ( ) Ao publicar *Tableau de la géographie de la France* (1903), Vidal de La Blache protagonizou a abordagem regional da chamada *escola francesa* e buscou confirmar a validade teórica do determinismo geográfico em todos os aspectos, conforme defendido por Friedrich Ratzel.

    ( ) Com a obra *Régions naturelles et noms de pays* (1908), Lucien Gallois, ao estudar como o comportamento de populações da Gália Transplatina sofria influência de características físicas da região, juntou-se a Vidal de La Blache em relação ao fomento da ideia de que comportamentos sociais podem ser influenciados, em certa medida, pelo ambiente, pela região geográfica.

    ( ) Para refutar a validade teórica da regionalização como técnica de comprovação e de teste de hipóteses e de teses, Hartshorne buscou, em 1939, apresentar o estudo da Geografia com base nas ciências nomotéticas em contraposição absoluta à análise regional e à Teoria Regional.

( ) Da abordagem regional francesa, bem como das influências kantiana e neokantiana para os estudos regionais no campo da Geografia, os estudos idiográficos surgiram como perspectiva de estudo regionalista orientada à compreensão de fenômenos sociais e humanos em conjunto.

( ) Apesar de concordar com Ratzel no referente à influência da região no comportamento de populações ali residentes, Vidal de La Blache buscou reduzir o peso determinista dessa teoria e dar maior atenção ao estudo regional; isso contribuiu para o fomento do debate entre possibilistas e deterministas no campo da Geopolítica.

Indique a alternativa que corresponde corretamente à sequência obtida:

a) V, V, V, F, V, F.
b) F, V, V, F, F, V.
c) V, F, V, F, V, V.
d) V, V, V, V, V, F.
e) V, V, V, V, V, V.

2. De maneira crítica à análise regional clássica no campo da Geografia, uma perspectiva teórica focou o elemento ideológico do discurso regionalista, enquanto outra se concentrou no engajamento direto do pesquisador como objeto de estudo. Essas perspectivas são, respectivamente:

a) Geografia radical e geografia kantiana.
b) Geografia idiográfica e geografia humanista.
c) Geografia humanista e geografia radical.
d) Geografia radical e geografia humanista.
e) Geografia kantiana e geografia idiográfica.

3. De acordo com Buzan e Waever (2003, p. 6, tradução nossa), "as três principais perspectivas teóricas na estrutura internacional de segurança pós-Guerra Fria são a neorrealista, a globalista e a regionalista"[18]. Com base nisso, indique se as afirmativas a seguir são verdadeiras (V) ou falsas (F):

( ) Ao considerar a relativa autonomia das regiões como força influenciadora da composição de forças no sistema internacional, o regionalismo propicia o contato entre a Geopolítica, a Teoria das Relações Internacionais e a Geografia.

( ) O neorrealismo apresenta a compreensão da realidade internacional contemporânea como resultado da emergência de novos atores internacionais, como ONGs, empresas transnacionais e instituições multilaterais internacionais, que promovem interações de mútua dependência e de compartilhamento de custos.

( ) Pode-se afirmar que a escola de Copenhague apresenta um perfil que concilia elementos teóricos neorrealistas com o conceito neoliberal de *interdependência*, além de analisar as dinâmicas de segurança internacional por meio de um enfoque no nível regional.

( ) Para o globalismo, além dos Estados Nacionais, outros atores ganham relevância para as Relações Internacionais, como ONGs, empresas transnacionais e instituições internacionais.

---

18. Do original "The three principal theoretical perspectives on post-Cold War international security structure are neorealist, globalist, and regionalist" (Buzan; Waever, 2003, p. 6).

( ) O neorrealismo busca enfatizar os Estados como os únicos atores relevantes do sistema internacional, uma vez que a distribuição de forças no sistema e a ordem sistêmica são determinadas pelas capacidades dos Estados, principalmente militares.

( ) Dentre as perspectivas contemporâneas de segurança internacional em Relações Internacionais, o globalismo foi o marco teórico que persistiu na relevância dos Estados como únicos atores determinantes do sistema internacional, principalmente por serem detentores das capacidades militares.

Assinale a alternativa que corresponde corretamente à sequência obtida:

a) F, V, V, F, V, V.
b) V, F, F, V, V, F.
c) V, V, F, F, F, V.
d) V, F, V, V, V, F.
e) V, V, V, V, V, V.

4. De acordo com Buzan e Waever (2003, p. 54, tradução nossa)[19]

> A presença de várias potências globais no sistema internacional (como no presente sistema 1 + 4) levanta questões a respeito de como grandes potências e superpotências interagem com as regiões. [...], Com base nisso, alguém poderia criar modelos claros das dinâmicas de segurança nos níveis global e regional.

---

19. Do original: "The presence of several global powers in the international system (as in the present 1 + 4 system) raises questions about how great powers and superpowers interact with regions. [...]. On that basis, one could construct clear models of global and regional level security dynamics" (Buzan; Waever, 2003, p. 54).

Com base nos autores citados, pode-se afirmar que, em um complexo regional de segurança do tipo "padrão":
a) há uma grande potência global que lidera as interações entre os Estados menores e as superpotências.
b) as dinâmicas e as políticas de segurança entre os atores estatais são determinadas pela supremacia de uma superpotência global, como os Estados Unidos.
c) as dinâmicas e as políticas de segurança são resultado da atuação autônoma dos Estados menores, que são capazes de afastar a influência das potências regionais em suas políticas, a exemplo do Oriente Médio.
d) as políticas de segurança são influenciadas, em grande medida, pelo relacionamento entre as potências regionais do próprio CRS, que influenciam as políticas e as interações dos Estados menores com potências e superpotências globais.
e) segue-se um modelo de organização no qual existe um ente supranacional que determina o funcionamento do sistema.

5. De acordo com Buzan e Waever (2003, p. 45, tradução nossa)[20],

> A teoria dos CRS é útil por três razões: primeiramente, ela nos diz alguma coisa sobre o nível de análise apropriado em estudos de segurança; em segundo lugar, pode organizar estudos empíricos; e, em terceiro lugar, cenários de base teórica podem ser estabelecidos com base nas formas conhecidas possíveis de, e nas alternativas para, CRS".

---

20. Do original: "RSCT is useful for three reasons. First it tells us something about the appropriate level of analysis in security studies, second it can organise empirical studies, and, third, theory-based scenarios can be established on the basis of the known possible forms of, and alternatives to, RSCs" (Buzan; Waever, 2003, p. 45)

Com base nos autores citados, indique se as afirmativas a seguir são verdadeiras (V) ou falsas (F):

( ) Ao adotar o nível regional de análise em segurança internacional, a escola de Copenhague buscou conciliar a perspectiva estadocêntrica do neoliberalismo e do globalismo com a ênfase neorrealista no papel dos novos atores internacionais, como ONGs, empresas transnacionais e instituições multilaterais de segurança coletiva.

( ) Com base na teoria dos CRS, a existência de áreas-tampão (*buffers*), de áreas insulares (*insulators*) e de áreas de *overlay* demonstra que nem sempre há uma fronteira ou separação rígida entre um CRS e outro, podendo, em alguns casos, haver sobreposições entre CRS diferentes.

( ) São quatro as categorias que Buzan e Waever (2003) estabelecem para distinguir CRS: padrão, centrado, grandes potências e supercomplexos.

( ) De modo geral, Buzan e Waever (2003) apresentam um total de sete complexos regionais de segurança.

( ) Com base na apresentação de nove complexos regionais de segurança por Buzan e Waever (2003), é possível afirmar que a escola de Copenhague não admite haver sobreposições entre um CRS e outro.

( ) Além de ter no neorrealismo um dos pontos teóricos de partida, a escola de Copenhague supera uma limitação teórica neorrealista ao analisar a segurança internacional por meio do enfoque na configuração territorial e no nível regional.

Assinale a alternativa que corresponde corretamente à sequência obtida:
a) F, F, V, V, F, F.
b) F, V, V, F, F, V.

c) V, V, V, F, F, F.
d) F, V, F, V, V, F.
e) F, F, F, F, F, F.

Atividades de aprendizagem

Questões para reflexão

1. Conforme Hobsbawm (1995), o período pós-Segunda Guerra Mundial foi marcado pelo aumento de Estados independentes no mundo, particularmente na Ásia e na África, saltando de 1, em 1939, para 50 na segunda metade do século XX. Discorra sobre como o enfraquecimento das metrópoles coloniais após as duas Guerras Mundiais, bem como seu impacto para os processos de independência das antigas colônias ao redor do mundo, contribuíram para o fortalecimento do regionalismo. De que maneira esse fortalecimento promoveu uma aproximação entre as áreas da Geografia e das Relações Internacionais?

2. Conforme visto em Buzan e Waever (2003), há quatro variáveis-chave independentes que permitem compreender a estrutura essencial de um complexo regional de segurança, o que se caracteriza como uma síntese teórica desses autores. Identifique e explique as quatro variáveis-chave que permitem descrever um complexo regional de segurança.

Atividade aplicada: prática

1. Escolha um dos complexos regionais de segurança apresentados no Mapa 1.1, de Buzan e Waever (2003). Com base na classificação de CRS proposta pelos dois autores (Quadro 1.1), indique qual tipo caracteriza o CRS que você escolheu e justifique sua resposta.

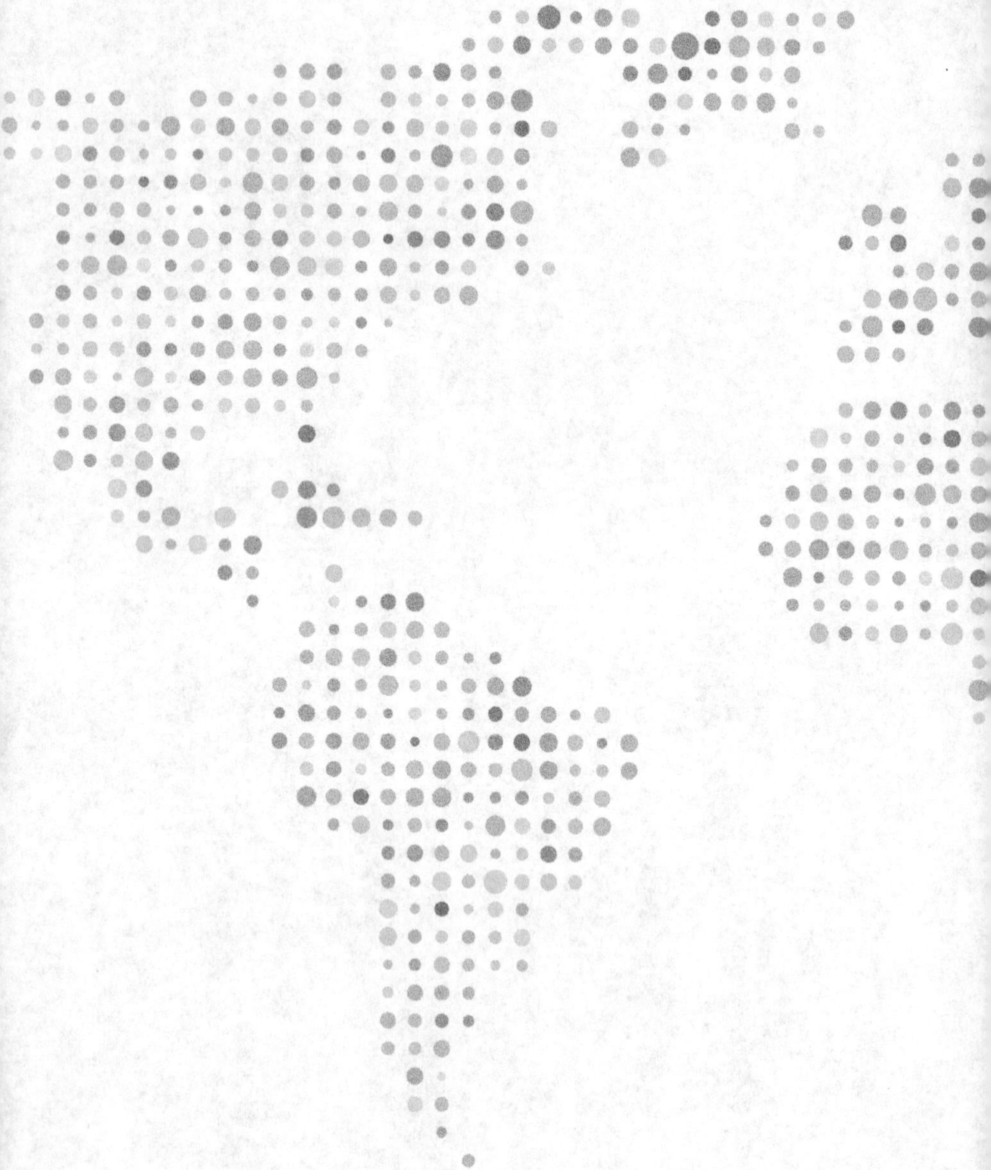

2
Estrutura do espaço geográfico global

Este capítulo tem três objetivos complementares: 1) fornecer um conjunto de indicadores quantitativos para análise do espaço geográfico global; 2) desenvolver um roteiro para aplicação das variáveis fundacionais apresentadas por Buzan e Waever (2003), mediante fonte empírica de consulta; 3) servir de base para a análise individualizada de cada complexo regional de segurança, objeto do próximo capítulo.

Em certa medida, o presente capítulo está orientado em torno de um objetivo metodológico, ainda que boa parte do texto seja formada de descrição e de comentários da base secundária[1] de dados. A origem dos dados deriva do *Atlas da política brasileira de defesa* (Lima et al., 2017), projeto desenvolvido pelo Instituto Pandiá Calógeras em parceria com o Conselho Nacional de Desenvolvimento Científico e Tecnológico (CNPQ), vinculado ao Programa Álvaro Alberto de Indução à Pesquisa em Segurança Internacional e Defesa Nacional n. 29/2014[2].

As variáveis independentes[3] do modelo – na estrutura anárquica do sistema internacional –, o desenho geográfico do complexo regional, a distribuição de capacidades dos atores e o padrão de interação entre as unidades do sistema, tal como explicados no capítulo anterior, podem ser sintetizados pela sequência de mapas a seguir, com base na projeção cartográfica de Robinson (Lima et al., 2017, p. 115).

---

1. O termo *secundário* aqui está sendo empregado no sentido de utilizar dados extraídos de fonte não autoral, produzidos por outros autores.
2. Para mais informações: LIMA, M. R. S. de et al. **Atlas da política brasileira de defesa**. Rio de Janeiro: Latitude Sul, 2017. Disponível em: <http://latsul.org/2017/05/17/atlas-da-politica-brasileira-de-defesa-disponivel-para-download>. Acesso em: 26 out. 2018.
3. Pode-se dividir a montagem de uma equação em *dependentes*, que são o objeto de pesquisa – neste estudo, os complexos regionais –, e *independentes*, que são as forças que condicionam e influenciam o comportamento da variável dependente.

2.1 Anarquia do sistema internacional e mapa-múndi

Os dois mapas[4] a seguir (Mapas 2.1 e 2.2) constituem uma única representação da dimensão de anarquia do espaço geográfico global. O conceito, originado na Teoria das Relações Internacionais, parte da inexistência de um contrato social com o mesmo grau de coerção social entre os Estados Nacionais e o encontrado dentro de um único território nacional. A anarquia supõe a inexistência de um Estado supranacional que submeta todos os demais Estados a seu controle militar e político; de fato, essa entidade, seja na forma de um império global, seja na forma de uma federação global, nunca existiu na história mundial. Entretanto, múltiplos Estados exercendo o domínio sobre seus próprios espaços e ainda assim cooperando entre si ou mesmo entrando em guerra foi e continua sendo uma constante no espaço global.

---

4. Os mapas são ilustrativos, o que significa que não detêm escala nem sistema de coordenadas fidedignos. O termo *mapa* será usado para indicar uma representação espacial extraída de um mapa original, fiel aos parâmetros exigidos para a publicação de um mapa técnico.

Mapa 2.1 – Mapa político do sistema de Estados Nacionais

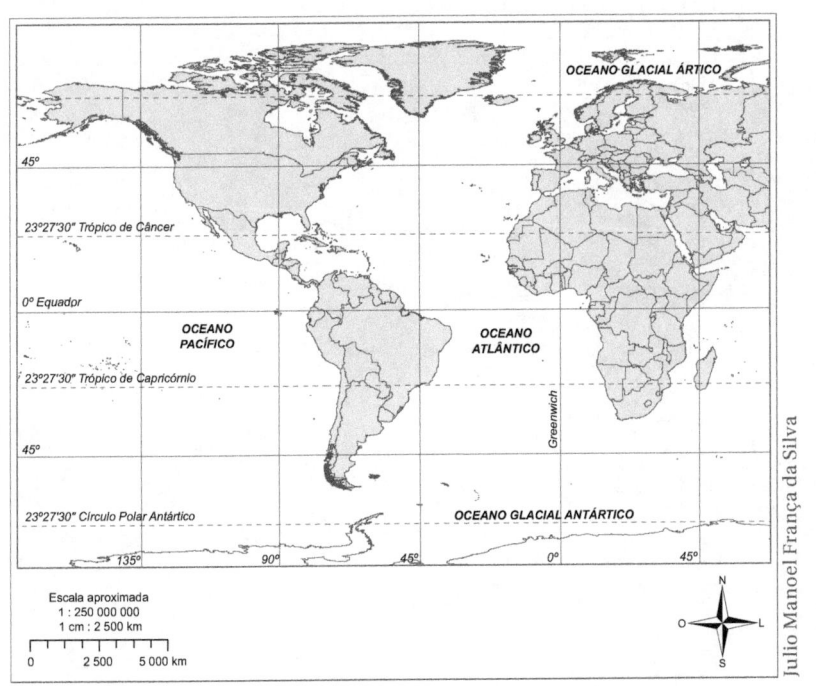

Base cartográfica: IBGE, 2005.

Julio Manoel França da Silva

Mapa 2.2 – Mapa político do sistema de Estados Nacionais (continuação)

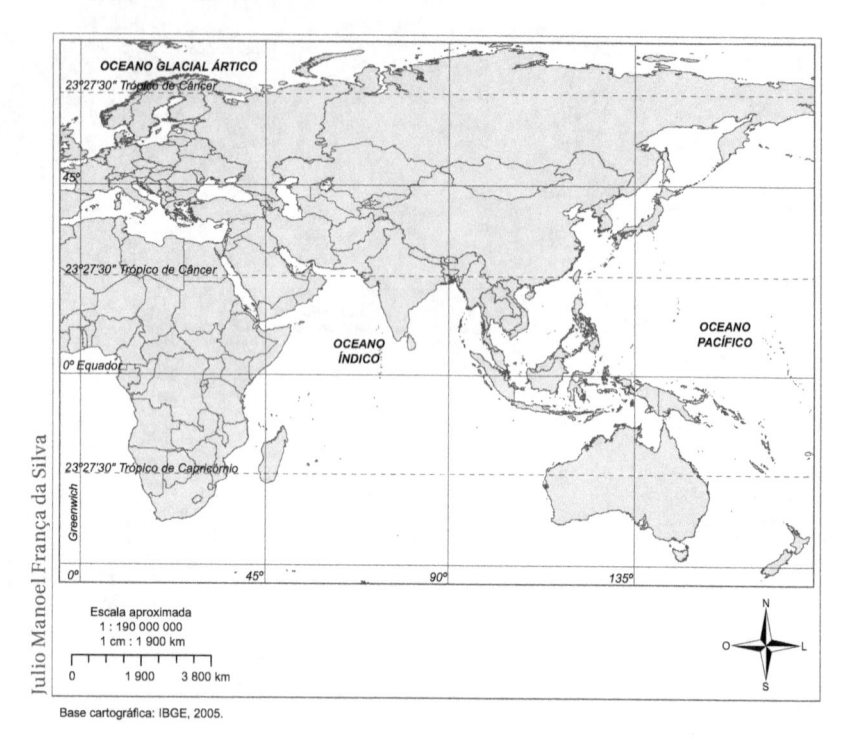

O Mapa 2.1, que ilustra o mapa político do sistema de Estados Nacionais, serve para dois propósitos: ponto de partida para a demonstração gráfica da estrutura do sistema internacional e para exibir o conceito de anarquia aplicado ao espaço geográfico global. Apesar de ser corriqueira a denominação dos Mapas 2.1 e 2.2 como "mapa político do mundo" ou "mapa-múndi", em termos técnicos, podemos identificar duas características básicas do sistema internacional: 1) a autonomia política que cada Estado detém sobre seu território; 2) a inexistência de um Estado supranacional. Ambas representam a proposição básica na qual os demais mapas e variáveis que serão utilizados a seguir estão fundamentados.

2.2 Distribuição geográfica de capacidades dos Estados nacionais

Mapas sobre gastos militares, efetivo militar e capacidades militares resumem uma parte da terceira variável independente, que ilustra a distribuição de forças entre os Estados membros e atores do espaço geográfico global. O último mapa dessa primeira sequência, que indica as capacidades nacionais, sumariza a multidimensionalidade da terceira variável, formada por capacidades econômicas, políticas e militares. Ao contrário dos três mapas sobre força militar, os quais contêm alto grau de heterogeneidade entre as múltiplas unidades do sistema, o mapa sobre capacidades identifica um número reduzido de Estados com capacidades notáveis no sistema: Brasil, México e EUA, para o continente americano; Irã, Arábia Saudita e Turquia, para o Oriente Médio; Itália, França, Alemanha e Inglaterra, para a Europa Ocidental; Índia, China, Rússia, Japão, Coreia do Norte, Coreia do Sul e Paquistão, para o continente asiático.

Mapa 2.3 – Gastos militares (totais e *per capita*) por país em bilhões de dólares (ano de 2016)

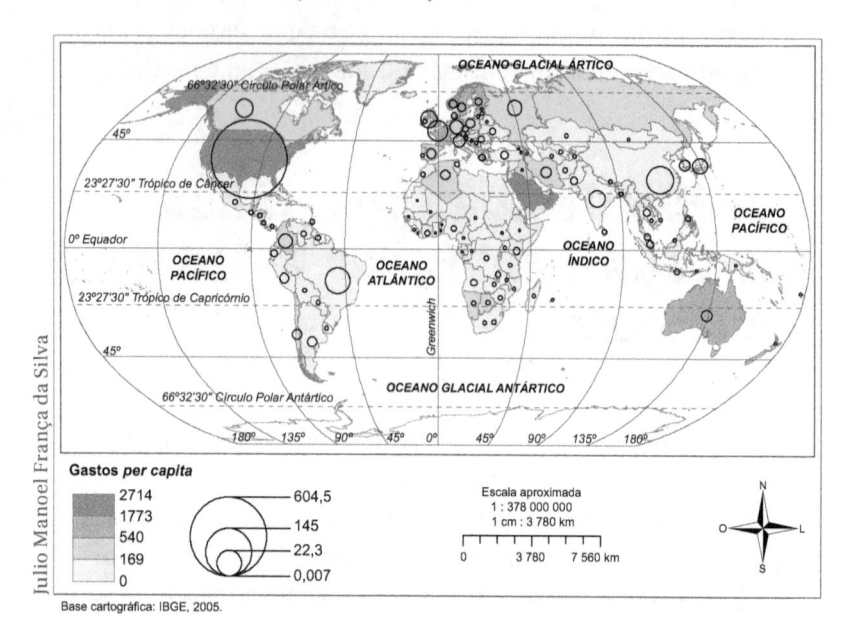

Gastos *per capita*
- 2714
- 1773
- 540
- 169
- 0

604,5
145
22,3
0,007

Escala aproximada
1 : 378 000 000
1 cm : 3 780 km

Base cartográfica: IBGE, 2005.

Fonte: Lima et al., 2017, p. 29.

Mapas sobre gastos militares e efetivo militar sinalizam maneiras de mensurar o nível de força presente entre os Estados, em termos comparados. Ao serem observados os totais de gastos *per capita* por país, notamos que um contribuinte estadunidense pagou, em média, 2.714 dólares de impostos em 2016 para o funcionamento do complexo militar dos EUA. Os únicos países que acompanharam esse volume de gasto foram a Arábia Saudita e Omã.

Quando multiplicamos esse valor pela população economicamente ativa de cada país, percebemos o volume total de gastos militares, representados pelos quatro círculos concêntricos desenhados no Mapa 2.3, indicando 604,5, 145,0, 22,3 e 0,007 bilhões de dólares. O destaque aparece quando comparamos o total gasto pelos EUA com o total gasto pelas demais economias do sistema, como a China, com 145 bilhões de dólares, orçamento quase quatro vezes menor. Em contraste, os menores orçamentos aparecem entre as economias da América Latina e do continente africano, com exceção do Brasil, da Venezuela e da Argélia.

Mapa 2.4 – Quantidade estimada de efetivos militares por país (ano de 2016*)

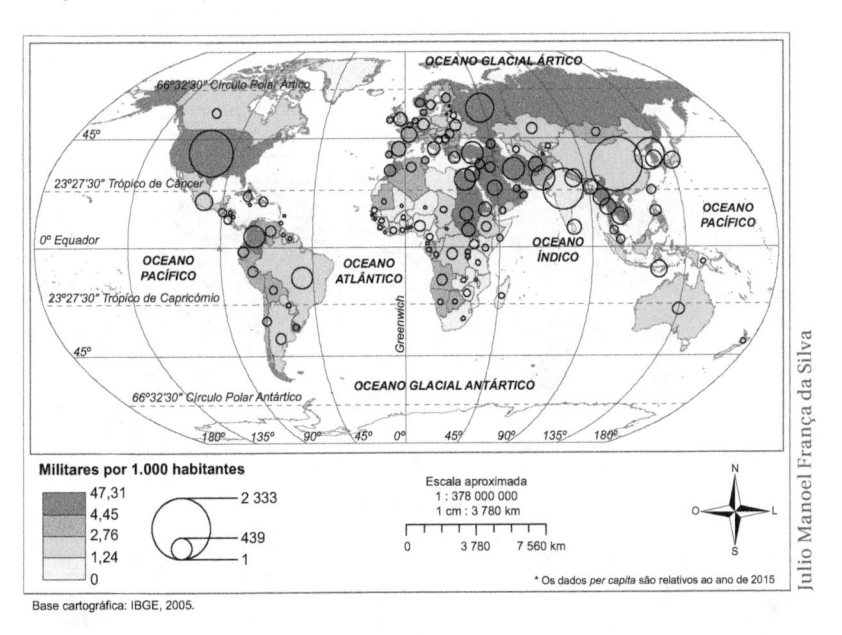

Militares por 1.000 habitantes
- 47,31
- 4,45
- 2,76
- 1,24
- 0

2 333
439
1

Escala aproximada
1 : 378 000 000
1 cm : 3 780 km

0 — 3 780 — 7 560 km

* Os dados *per capita* são relativos ao ano de 2015

Base cartográfica: IBGE, 2005.

Julio Manoel França da Silva

Fonte: Lima et al., 2017, p. 29.

De maneira menos expressiva do que os montantes acumulados de investimento *per capita* do mapa anterior, o número de efetivos militares apresenta uma distribuição mais equilibrada entre as unidades do sistema internacional. EUA, Venezuela e Uruguai são os países do continente americano com maior número de militares para cada mil habitantes, 7,31[5] por mil. No hemisfério oriental, Rússia, Coreia do Sul e Coreia do Norte, Mianmar, Laos, Vietnã e Tailândia contêm os maiores valores. Por fim, o Oriente Médio e o continente africano apresentam uma aglomeração de Estados vizinhos com as maiores taxas de militares por mil habitantes. Egito, Sudão do Norte, Sudão do Sul e Marrocos são os Estados africanos com as maiores taxas. Todos os Estados que formam o Oriente Médio apresentam as maiores proporções de militares por mil habitantes.

Mapa 2.5 – Capacidades militares por país (janeiro de 2016)

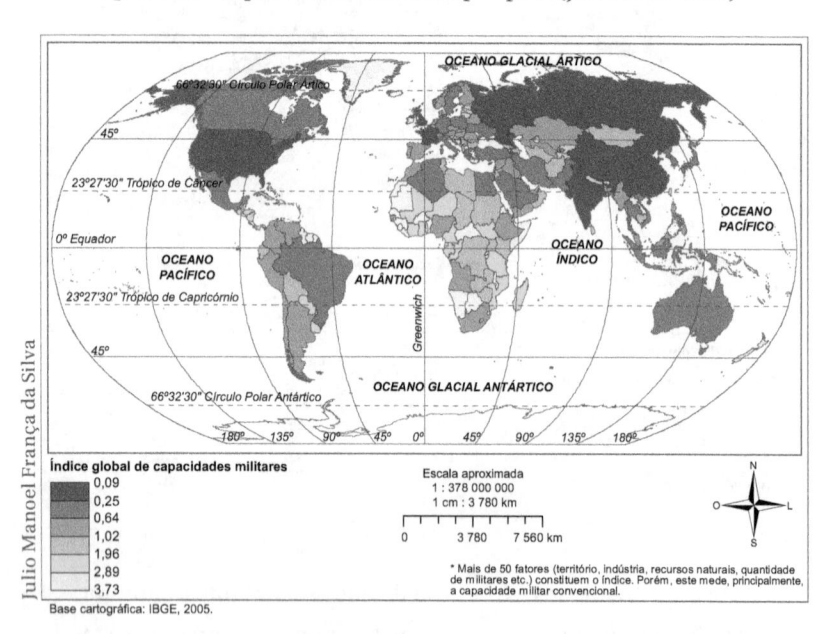

Fonte: Lima et al., 2017, p. 68.

5. O mapa-fonte, extraído de Lima et al. (2017), contém legenda com 47,31 militares por mil. No entanto, o dado correto é 7,31 por mil.

O mapa de capacidades militares resume a terceira variável considerada por Buzan e Waever (2003), expresso pelo índice global de capacidades militares[6]. A metodologia de elaboração do índice utiliza um conjunto amplo de fatores, dividido em quatro eixos: poder terrestre, poder aéreo, poder naval e recursos humanos. Cada um deles contém indicadores próprios, conforme indica Das (2018, p. 496-497, grifo do original, tradução nossa):

1. Recursos humanos: [...]

[...]

b. Pessoal disponível

c. Pessoal apto para o serviço militar

d. Pessoal que atinge a idade para o serviço militar anualmente

e. Militares na ativa

f. Militares reservistas.

2. Sistemas terrestres/Poder do exército: [...]

a. Tanques (MBT/*Light*)

b. Veículos blindados de combate

c. Armas autopropulsadas

d. Peças de artilharia rebocada

e. Lançadores de foguetes (MLRS)

3. Poder aéreo: [...]

[...]

b. Aviões/interceptadores

c. Aviões de ataque

d. Aviões de transporte

---

6. O índice pode ser encontrado em: GFP - GLOBAL FIRE POWER. Disponível em: <https://www.globalfirepower.com/index.asp>. Acesso em: 26 out. 2018.

e. Aviões de treinamento

f. Helicópteros

g. Helicópteros de ataque

h. Aeroportos utilizáveis

4. Poder naval: [...]

[...]

b. Porta-aviões

c. Fragatas

d. Destróieres

e. Corvetas

f. Submarinos

g. Embarcações de patrulha

h. Navios de guerra[7]

Em resumo, devido ao volume de indicadores, o Mapa 2.5 aglomera todas as dimensões em um índice global de capacidades militares, em um crescimento de 0,09 a 3,73, mediante lógica decrescente, no qual 0 representa totais capacidades e 10 representa nenhuma capacidade. EUA, Rússia, China, Índia, França e Inglaterra detêm os maiores índices, e representam a elite militar do sistema internacional.

Entretanto, antes de serem analisadas as variáveis sobre o perfil de interação dos Estados, no último critério estrutural escolhido por Buzan e Waever (2003) para a formação de um complexo de

---

7. Do original "**1. Manpower**: [...] / b. Available Manpower / c. Fit for Service / d. Reaching Military Age Annually / e. Active Military Manpower / f. Active Reserve Military Manpower / **2. Land Systems/Army Strenght**: [...] / a. Tanks (MBT/Light) / b. Armored Fighting Vehicles / c. Self-Propelled Guns / d. Towed Artillery Pieces / e. Rocket Projectors (MLRS) / **3. Air Power**: [...] / b. Fighters/Interceptor / c. Attack Aircraft / d. Transport Aircraft / e. Trainer Aircraft / f. Helicopters / g. Attack Helicopters / h. Serviceable Airports / **4. Naval Power**: [...] / b. Aircraft Carriers / c. Frigates / d. Destroyers / e. Corvettes / f. Submarines / g. Patrol Craft / h. Mine Warfare" (Das, 2018, p. 496-497, grifo do original).

segurança, devemos considerar a capacidade extraordinária de produção de artefatos nucleares. O Gráfico 2.1 ilustra essa aptidão ao indicar os países que detêm ogivas nucleares: Índia, Paquistão, Israel, China, França, Reino Unido, Rússia e EUA.

Gráfico 2.1 – Proliferação nuclear

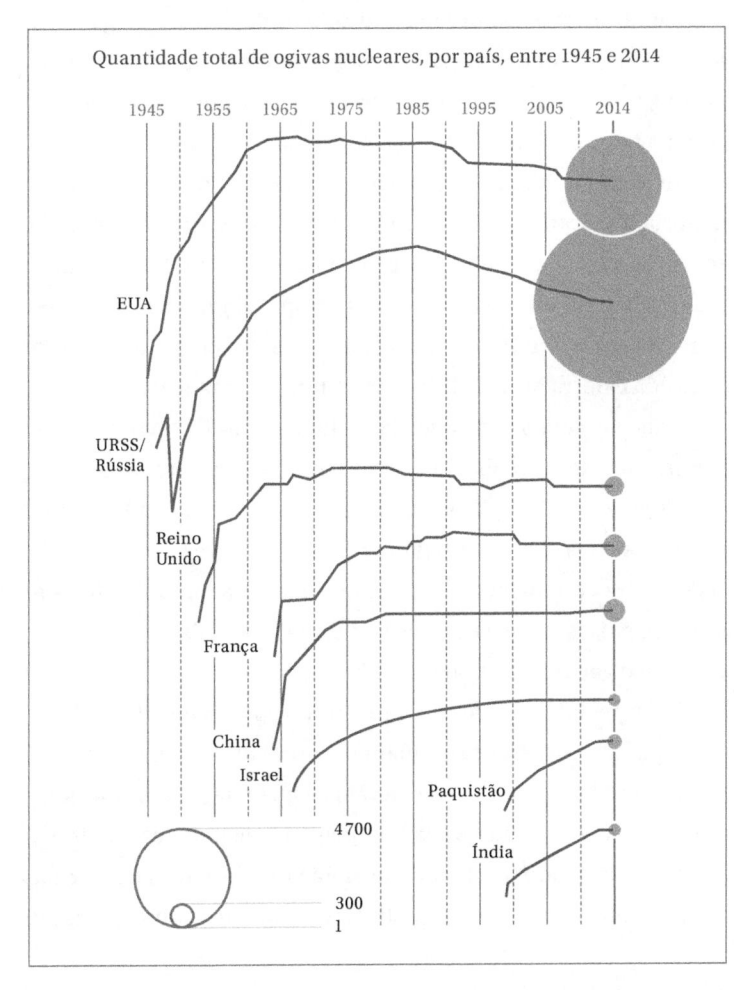

Quantidade total de ogivas nucleares, por país, entre 1945 e 2014

[Gráfico com linhas representando EUA, URSS/Rússia, Reino Unido, França, China, Israel, Paquistão e Índia, nos anos 1945, 1955, 1965, 1975, 1985, 1995, 2005 e 2014. Valores de referência: 4 700, 300, 1.]

Fonte: Lima et al., 2017, p. 32.

Entre 1945 e 2014, notamos um aumento geral e exponencial do número total de ogivas nucleares, bem como dos países que passaram a deter a capacidade de produção desse armamento. Entre os primeiros países a conseguir desenvolver todas as etapas necessárias para o lançamento de bombas nucleares, os EUA e a antiga União das Repúblicas Socialistas Soviéticas (URSS) incrementaram suas quantidades absolutas de ogivas, chegando a quase 5 mil unidades. A Rússia, mesmo após o fim do regime soviético, incrementou seu arsenal e ocupa a primeira posição em relação ao volume total de armas atômicas.

Além dos principais representantes da dicotomia vivida pela história do século XX entre EUA e URSS, três outros Estados desenvolveram e incrementaram seus arsenais: Reino Unido, França e China. O primeiro a conquistar essa capacidade militar extraordinária foi o Reino Unido, na década de 1940, sob os vestígios da Segunda Guerra Mundial. França e China só alcançaram essa capacidade em meados da década de 1960. Esses três países, após serem considerados Estados nuclearizados, ampliaram seus arsenais para números próximos a 300 ogivas cada até 2014. Ainda que em termos absolutos o número total de ogivas desses países seja significativamente menor do que o do total de EUA e Rússia, os cinco países representam as forças nuclearizadas tradicionais do espaço geográfico global.

Em especial, como será demonstrado no próximo item, esses cinco países têm assento permanente no Conselho de Segurança das Nações Unidas (CSNU) e detêm a capacidade de vetar qualquer tipo de resolução levada à deliberação de todos os membros do grupo, formado por 10 membros não permanentes e 5 permanentes. Como plataforma de deliberação máxima sobre temas de segurança internacional, a agremiação centraliza decisões sobre temas da agenda internacional com maior sensibilidade; portanto, é considerada a alta cúpula decisória do sistema das Nações Unidas. Ainda que a variável trazida por Buzan e Waever (2003) considere como critério para a formação de complexos regionais de segurança (CRS) as capacidades militares, o fato de esses cinco países (P-5) terem a capacidade de utilização militar das armas atômicas e a capacidade de vetar qualquer resolução que não seja favorável aos interesses de política exterior desses Estados indica uma condição diferenciada de todos os demais membros do sistema internacional. Poderíamos situar o P-5 como a elite militar e decisória em termos de segurança internacional e, portanto, em relação às capacidades de intervenção no espaço geográfico global.

Três outros Estados também atingiram a capacidade de fabricação e de uso militar de armas atômicas: Israel, ao longo da década de 1960, Índia e Paquistão, no final dos anos 1990. Eles representam um terceiro grupo de Estados nuclearizados que, após a conquista da capacidade de fabricação de armas, desenvolveram seus arsenais ao longo dos últimos 20 anos, chegando a possuir em torno de 100 ogivas cada um.

Em resumo, podemos dividir as potências nucleares em três grupos de Estados, de acordo com o volume total de artefatos nucleares: o primeiro, formado por EUA e Rússia, com quase 5 mil ogivas cada; o segundo, formado por Inglaterra, França e China, com quase 300 ogivas; e o terceiro, formado por Israel, Paquistão e Índia, com quase 100 ogivas cada.

Ainda que o objetivo deste item seja, em princípio, adotar um procedimento descritivo das informações coletadas sobre capacidades militares, o gráfico de proliferação nuclear indica a existência, ao longo do século XX e início do século XXI, de incremento dos arsenais e, sobretudo, de aumento do número de Estados com capacidade de uso de armas nucleares. Como possível consequência interpretativa do Gráfico 2.1, podemos deduzir a existência de algum grau de corrida armamentista em curso. Como forma de explorar essa proposição, no próximo capítulo, os programas nucleares do Irã e da Coreia do Norte serão utilizados como casos-chave. Ambos servirão de base para indicar o argumento aqui apresentado, bem como o impacto desses programas nos complexos regionais de segurança analisados, notadamente o Oriente Médio e o supercomplexo asiático.

O último mapa deste item versa sobre capacidades nacionais. Em princípio, a referência básica adotada por Buzan e Waever (2003) foi extraída do conceito de capacidades políticas, econômicas e militares tal como desenvolvido por Waltz (1979), previamente explanado na Seção 2.2. Em certa medida, o mapa de capacidades nacionais, extraído do *Atlas da política brasileira de defesa* (Lima et al., 2017), apresenta uma classificação sintética da distribuição global de poder material, em um *dégradé* com quatro categorias definidas em tons de marrom. O menor (com 0,0000000244) indicando baixas capacidades e o maior (com 0,2181166) indicando as maiores capacidades. Duas categorias intermediárias, 0,03 e 0,02, demonstram Estados medianos, de acordo com o indicador.

Mapa 2.6 – Capacidades nacionais no sistema-mundo

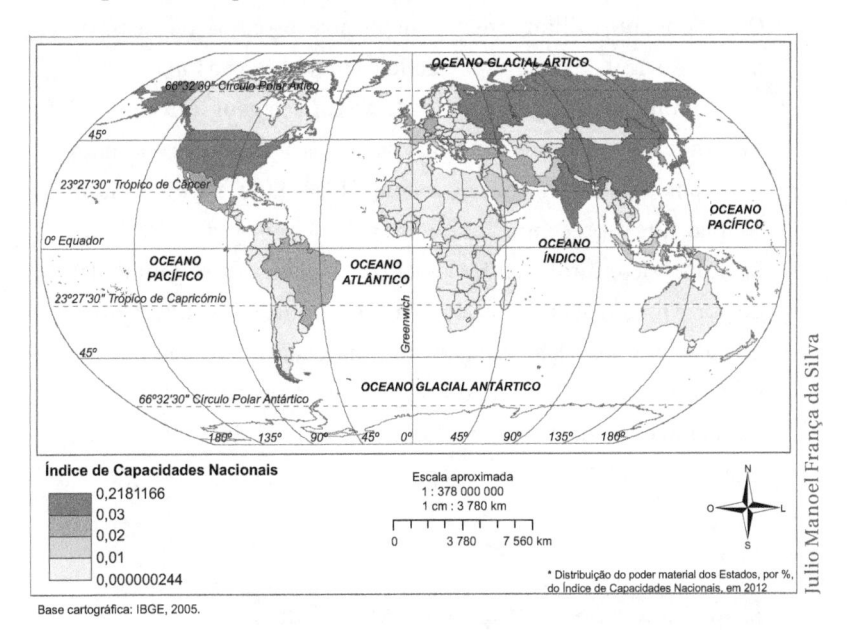

Índice de Capacidades Nacionais
0,2181166
0,03
0,02
0,01
0,000000244

Escala aproximada
1 : 378 000 000
1 cm : 3 780 km

* Distribuição do poder material dos Estados, por %, do Índice de Capacidades Nacionais, em 2012

Base cartográfica: IBGE, 2005.

Julio Manoel França da Silva

Fonte: Lima et al., 2017, p. 27.

A composição do índice de capacidades nacionais representa um índice que sintetiza as três dimensões sugeridas por Waltz (1979). Como medida agregada, os autores do Mapa 2.6 combinaram, em termos quantitativos, as seguintes variáveis: população total, população urbana, produção de ferro e de aço, consumo de energia, número total de militares e de gastos militares, por país[8]. Os critérios de escolha dessas variáveis estão relacionados à necessidade de agregar capacidades produtivas com baixa vulnerabilidade de acesso a recursos primários, como é o caso do ferro, bem como de acesso a fontes primárias de energia, demandados

8. Uma descrição detalhada da metodologia pode ser encontrada em: THE CORRELATES OF WAR PROJECT. **National Material Capabilities**, 2018. Disponível em: <http://www.correlatesofwar.org/data-sets/national-material-capabilities>. Acesso em: 26 out. 2018.

pela população total e especialmente pela população urbana. O componente militar vincula em termos absolutos a necessária dimensão de defesa e a capacidade de imposição da força.

Quando o indicador é aplicado ao espaço geográfico global, é encontrado um número mínimo de países possuidores das maiores capacidades nacionais do sistema: EUA, Rússia, China, Índia e Japão, que representam as quatro grandes peças desse sistema. Brasil, México, Turquia, Irã, Alemanha e Inglaterra são as unidades de porte médio. Arábia Saudita, França, Itália, Paquistão, Coreia do Sul e Indonésia são os países que aparecem como a penúltima legenda no mapa. Por fim, todos os demais países estão classificados como uma massa de Estados, em certa medida periféricos ao núcleo central de unidades capazes do espaço geográfico global.

2.3 Construção social: padrões globais de amizade e de inimizade

Como fundamento geral do modelo de quatro variáveis descritas neste capítulo, a última variável – padrão de interação entre as unidades do sistema – contempla a tese original de Wendt (1999), comentada por Buzan e Waever (2003), na qual são identificados três padrões gerais de interação entre os Estados: hobbesiano, lockeano e kantiano. O sentido teórico dessa escolha contempla duas justificativas: a primeira, pautada no objetivo de síntese teórica da escola de Copenhague, estabelece uma aproximação entre as teorias clássicas de Relações Internacionais – realismo, liberalismo e construtivismo – mediante uma variável de integração espacial; a segunda, uma consequência da anterior, ainda que destinada a esta obra em particular, tem a inclusão da Geografia como disciplina necessária ao projeto explicativo da interpretação do sistema internacional.

Diante disso, esta seção tem três objetivos: 1) apresentar os conceitos originais pensados por Buzan e Waever (2003) ao se referirem a padrões de amizade e de inimizade como condicionantes da formação de complexos regionais; 2) diferenciar termos como *regimes*, *organizações*, *normas*, *regras* e *blocos*, com o intuito de instrumentalizá-lo para o entendimento da relação entre arranjos de Estados e comportamento político; 3) apresentar um conjunto de organizações internacionais como indicativos e prováveis condicionantes da forma como os Estados tendem a se comportar em relação a seu entorno regional e global.

O argumento inicial elaborado por Buzan e Waever (2003), ao se referirem a padrões de amizade e de inimizade, tem como fonte de inspiração a tese social-construtivista defendida por Alexander Wendt. Conforme os autores, aqueles de "predisposição wendtiana podem ver que a teoria social dele pode ser facilmente aplicada como uma útil elaboração construtivista da variável amizade-inimizade da TCRS, embora seu esquema seja mais diferenciado do que a simples dualidade de inimigo ou amigo" (Buzan; Waever, 2003, p. 50, tradução nossa)[9].

A ideia-base de Wendt procura demonstrar que podem ser encontrados três padrões gerais de comportamento entre os Estados no sistema internacional: o primeiro e popular padrão, de natureza hobbesiana, afirma que os Estados mantêm uma relação baseada no autointeresse e, como consequência lógica, padrões

---

9. Do original "Those of a Wendtian predisposition can see that his social theory can easily be applied as a useful constructivist elaboration of the amity-enmity variable in RSCT, though his scheme is more differentiated than the simple dyad of enemy or friend" (Buzan; Waever, 2003, p. 50).

conflituosos de relação e o segundo padrão, lockeano, indica a existência de padrões contratuais de relação, ora caracterizados pelo conflito, ora pela cooperação. Como demonstram os autores, a "ideia de Wendt de estruturas sociais de anarquia (hobbesiana, lockeana, kantiana) é baseada em 'quais tipos de papéis – inimigo, rival, amigo – dominam o sistema' (Wendt, 1999, p. 247); e o quão profundamente internalizados são esses papéis – pela coerção (força externa), pelo interesse (cálculos de ganho e perda), e pela crença na diplomacia (entendimentos de certo e errado, bom e mau)" (Buzan; Waever, 2003, p. 50, tradução nossa)[10]; e o terceiro padrão, de natureza kantiana, afirma a existência de padrões cooperativos entre os Estados, derivados da existência de valores compartilhados entre comunidades de nações.

A ideia-base desenvolvida por Wendt (1999) e incorporada por Buzan e Waever (2003) informa tendências gerais de comportamento, adotadas por arranjos de Estados. O sentido teórico original dessa proposta contribuiu para a ruptura com a forma monocausal de explicação do comportamento dos Estados no sistema internacional, em grande medida atrelada ao conflito ou à cooperação como condição básica. Na medida em que ambas as teses pareciam contraditórias, em termos estruturais, Wendt (1999) elaborou uma plataforma flexível de aplicação, na qual é possível encontrar fases conflituosas (hobbesianas) e fases cooperativas (kantianas) em fases históricas distintas ou em fases comuns, ainda que em regiões diferenciadas. O modelo rompe a forma estrutural e global de explicar os padrões de relação entre os Estados

---

10. Do original "Wendt's idea of social structures of anarchy (Hobbesian, Lockean, Kantian) is based on 'what kind of roles – enemy, rival, friend, – dominate the system' (Wendt 1999: 247); and how deeply internalized these roles are – by coercion (external force), by interest (calculations of gain and loss), and by belief in legitimacy (understandings of right and wrong, good and bad)" (Buzan; Waever, 2003, p. 50).

e adota uma forma dinâmica, seja permitindo fases cooperativas, seguidas de fases conflituosas, seja com ambas as condições acontecendo ao mesmo tempo, seja em regiões geográficas distintas.

A Teoria dos Regimes Internacionais é um campo teórico complementar ao elaborado por Wendt (1999) e elucidativo para o objetivo aqui esboçado, notadamente de entendimento das variáveis globais e regionais que influenciam o comportamento dos Estados. Como uma dimensão com menor grau de penetração quando comparados aos padrões hobbesianos/kantianos e que auxiliam a compreensão do comportamento usual de complexos regionais, os regimes internacionais são arranjos regionais que contribuem para a equação de comportamento dos Estados Nacionais.

Podemos definir regimes das seguintes maneiras: "Os regimes podem ser definidos como princípios, normas e regras implícitos ou explícitos e procedimentos de tomada de decisões de determinada área das relações internacionais em torno dos quais convergem as expectativas dos atores" (Krasner, 2012, p. 94), formulação compartilhada por demais autores da Teoria das Relações Internacionais, como Robert Keohane e Hedley Bull, ao definirem os regimes internacionais como: "redes de regras, normas e procedimentos que regulam comportamentos dos atores e controlam os seus efeitos" (Keohane; Nye, 1977, p. 19, citado por Krasner, 2012, p. 94); "princípios gerais imperativos que requerem ou autorizam determinadas classes de pessoas ou grupos a comportar-se das maneiras prescritas" (Bull, 1977, p. 54, citado por Krasner, 2012, p. 94).

A relação entre os regimes e o comportamento dos Estados é um ponto teórico importante e foi esquematizado por Krasner (2012) de maneira sintética na Figura 2.1. Em linhas gerais, a relação de causalidade ocorre mediante um conjunto de variáveis básicas, como poder, normas, princípios, regras e procedimentos, que contribuem para a formação de regimes, que, por sua vez, auxiliam a criar um comportamento padronizado entre os Estados. Essa relação não pode ser entendida de maneira unilateral e, portanto, tal como as setas na Figura 2.1 demonstram, os regimes e os perfis de comportamento são reforçados de modo concomitante.

Figura 2.1 – Proposta-síntese da relação entre regimes e comportamento

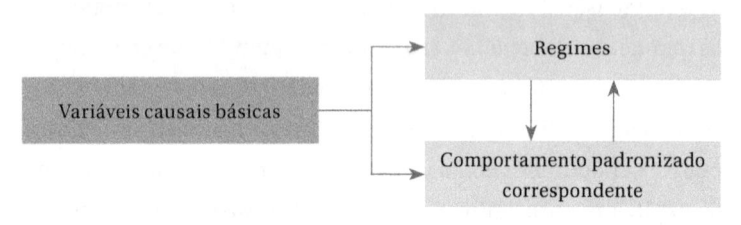

```
                              ┌──────────────────┐
                         ┌───▶│     Regimes      │
┌─────────────────────┐  │    └──────────────────┘
│ Variáveis causais   │──┤              ↕
│ básicas             │  │    ┌──────────────────────┐
└─────────────────────┘  └───▶│ Comportamento        │
                              │ padronizado          │
                              │ correspondente       │
                              └──────────────────────┘
```

Fonte: Krasner, 2012, p. 99.

O intuito de incluir a definição técnica de regimes internacionais é justificado pela maneira como esses conceitos auxiliam o entendimento dos fatores que contribuem como os Estados criam padrões de amizade e de inimizade em âmbito global ou regional. A teoria dos regimes, tal como aqui está sendo agregada, pode ser entendida como um subconjunto caracterizado pelo padrão kantiano ou lockeano de relação estabelecido por Wendt (1999) e incorporado no modelo de quatro variáveis de Buzan e Waever (2003). A Figura 2.2 ilustra esse raciocínio.

Figura 2.2 – Padrões de anarquia e teoria dos regimes

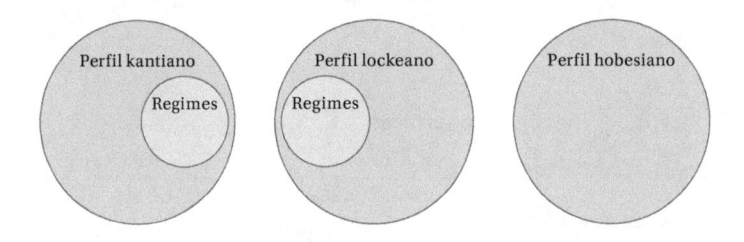

Perfil kantiano — Regimes

Perfil lockeano — Regimes

Perfil hobesiano

Enfim, a última parte desta seção procura ilustrar os regimes, as organizações e os blocos de Estados em matérias econômica, política e securitária, com o intuito de auxiliar o entendimento da equação de comportamento dos Estados Nacionais em âmbito global e regional. Três são os mapas que ilustram esse argumento: Mapa 2.7, sobre blocos econômicos internacionais; Mapa 2.8, com as principais organizações de natureza política e securitária; e Mapa 2.9, com as zonas livres das armas nucleares. Os três mapas, em conjunto, cobrem os regimes de maior relevância em matérias econômica, política e de segurança.

A *formação de blocos de Estados*, terminologia clássica adotada pela literatura de Geografia Humana, ao longo do século XX privilegiou a dimensão econômica do padrão de coalizão entre as economias mais ativas do sistema. A formação de mercados comuns, zonas de livre comércio ou uniões aduaneiras caracterizou a influência do impacto da formação da União Europeia (UE) no espaço extraeuropeu. A terminologia de blocos econômicos dominou a forma de expressar essa tendência de formação de regiões econômicas com graus de preferências tarifárias entre seus membros. Foram estabelecidos, até o ano de 2015, cinco blocos econômicos no espaço geográfico global, tal como demonstra o Mapa 2.7.

Mapa 2.7 – Blocos econômicos

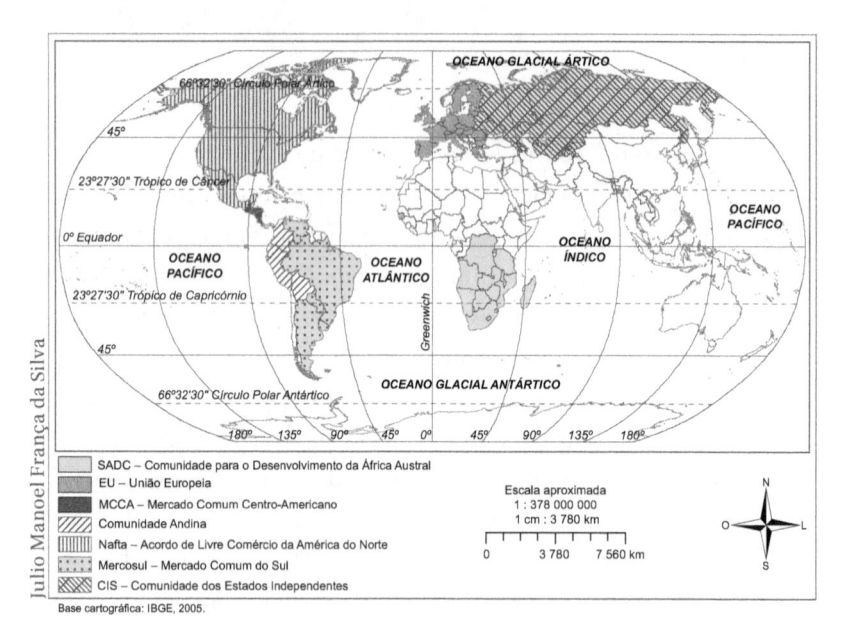

Legenda:
- SADC – Comunidade para o Desenvolvimento da África Austral
- EU – União Europeia
- MCCA – Mercado Comum Centro-Americano
- Comunidade Andina
- Nafta – Acordo de Livre Comércio da América do Norte
- Mercosul – Mercado Comum do Sul
- CIS – Comunidade dos Estados Independentes

Escala aproximada
1 : 378 000 000
1 cm : 3 780 km

0   3 780   7 560 km

Base cartográfica: IBGE, 2005.

Fonte: IBGE, 2015.

Cada porção continental elaborou uma regionalização de natureza econômica: a UE agrupou a maior parte dos Estados da Europa Ocidental; a Comunidade dos Estados Independentes, com os Estados da Europa Oriental e da Ásia Central; a Comunidade para o Desenvolvimento da África Austral agrupou os países das porções sul-africana e centro-africana; e, por fim, os quatro blocos americanos: Tratado Norte-Americano de Livre Comércio (North American Free Trade Agreement – Nafta), Comunidade

Andina, Mercado Comum Centro-Americano e Mercado Comum do Sul (Mercosul).

O argumento aqui esboçado parte do raciocínio dedutivo no qual a existência de blocos de natureza econômica contribui para a formação de padrões de comportamento cooperativo entre seus Estados integrantes, o que auxilia a interpretação da maneira como os Estados tendem a se comportar uns em relação aos outros, assim como a identificação das preferências desses Estados em relação a seus comportamentos nos âmbitos regional e global. Um segundo indicativo para o entendimento da formação dos padrões de comportamento cooperativo entre os Estados pode ser encontrado no Mapa 2.8.

Mapa 2.8 – Padrões globais de amizade e de inimizade

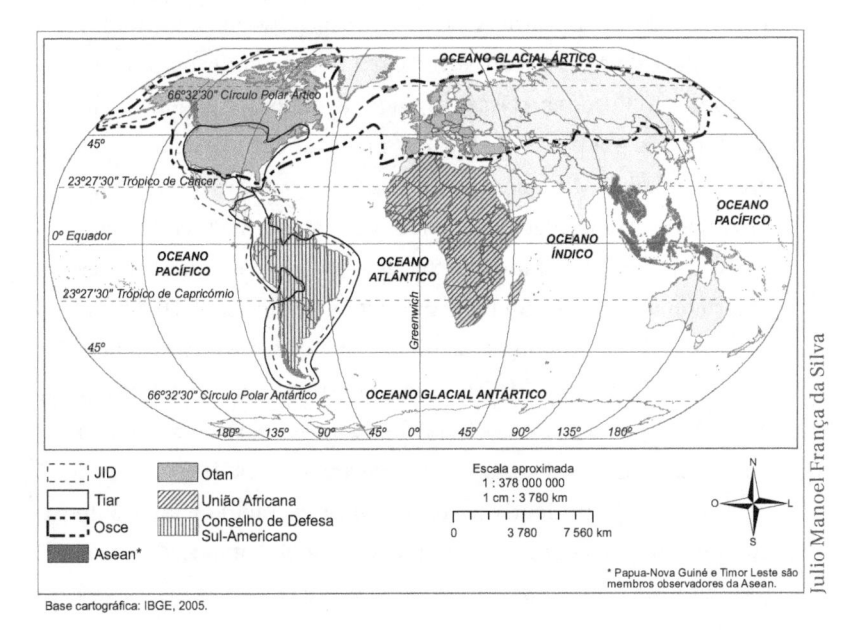

Fonte: Lima et al., 2017, p. 58.

Os arranjos encontrados nesse mapa contêm, ao contrário do mapa anterior, organizações internacionais (OI) de natureza política e, sobretudo, securitária. Em grande medida, as OI elaboradas em torno de objetivos voltados para a segurança de seus Estados-membros e de seu território conjunto representam o tipo ideal de agrupamento imaginado por Buzan e Waever (2003) ao elaborar a teoria dos complexos regionais de segurança. Entretanto, antes de serem descritos, cada um dos complexos regionais, objetivo do próximo capítulo, os padrões globais de agrupamento, como blocos de natureza econômica, de regimes políticos ou de segurança internacionais, constituem indicativos da maneira como os Estados tendem a se comportar uns em relação aos outros.

O Mapa 2.8 apresenta as principais organizações de natureza política e de segurança globais e, ou, regionais: Organização do Tratado do Atlântico Norte (Otan), composta por Estados da Europa Ocidental e da América do Norte; Organização para Segurança e Cooperação Europeia (Osce), tratado de maior abrangência global, formado por países da Europa, da Ásia Central e da América do Norte; União Africana (UA), formada pelos países do continente africano; Associação dos Estados do Sudeste Asiático (Asean), constituída pelos Estados do Sudeste Asiático; e organizações americanas, como Junta Interamericana de Defesa (JID), abrangendo todo o continente, Tratado Interamericano de Assistência recíproca (Tiar), formado pela maior parte do continente americano, o Conselho de Defesa Sul-Americano (CDSA), elaborado no âmbito da União de Países Sul-Americanos (Unasul).

Um terceiro indicativo para a compreensão de padrões de comportamento cooperativo regional entre os Estados são as zonas livres de armas nucleares. O Mapa 2.9 ilustra as principais zonas cobertas por tratados internacionais que comprometem os Estados presentes a não desenvolverem programas nucleares com objetivos militares.

Mapa 2.9 – Área de abrangência dos tratados de Zonas Livres de Armas Nucleares (ZLAN), em 2016

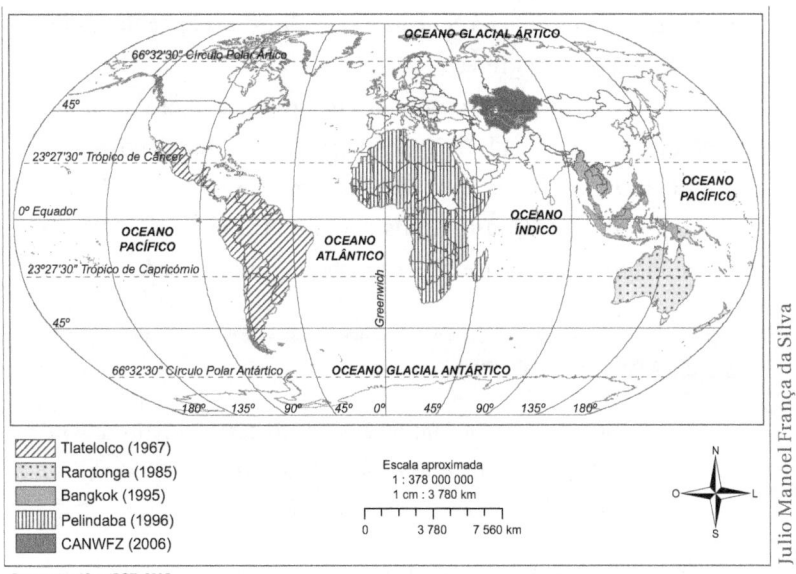

Tlatelolco (1967)
Rarotonga (1985)
Bangkok (1995)
Pelindaba (1996)
CANWFZ (2006)

Escala aproximada
1 : 378 000 000
1 cm : 3 780 km

Base cartográfica: IBGE, 2005.

Julio Manoel França da Silva

Fonte: Lima et al., 2017, p. 33.

O Tratado de Tlatelolco (1967), o Tratado de Pelindaba (1996), o Tratado de Rarotonga (1985), o Tratado de Bangkok (1995) e o Tratado de CANWFZ (2006) são acordos firmados entre Estados integrantes das porções americana, africana, oceânica, sul-asiática e centro-asiática do globo, respectivamente.

Síntese

Neste capítulo, buscamos fornecer um conjunto de indicadores quantitativos para a análise do espaço geográfico global derivados do *Atlas da política brasileira de defesa* (Lima et al., 2017), com o objetivo metodológico de demonstrar tanto a existência de fontes empíricas de pesquisa quanto uma forma específica de vincular dados primários com os conceitos de anarquia, capacidades nacionais, regiões e regimes.

Os quatro conceitos, originados da proposta interdisciplinar representada pela escola de Copenhage, somados aos dados extraídos do *Atlas*, conduzem às maneiras como o espaço global pode ser regionalizado. Quando considerados em conjunto, formam um modelo geral de estudo do espaço geográfico global.

Indicações culturais

SIPRI – Stockholm International Peace Research Institute. **The Independent Resource on Global Security**. 2018. Disponível em: <https://www.sipri.org>. Acesso em: 29 out. 2018.

O Stockholm International Peace Research Institute (Sipri) apresenta estudos e bases de dados referentes a gastos militares, comércio internacional de armas e indústria bélica, operações militares multilaterais e outros conteúdos relevantes para a área de paz e segurança internacionais. Fundado em 1966, o Sipri tem sede em Estocolmo (Suécia) e representação em Pequim (China), considerado um dos mais influentes think tanks *em sua área. O site do Sipri têm dados que permitem refletir a respeito da agenda contemporânea de segurança global, bem como complementam os estudos e as reflexões apresentadas neste capítulo.*

Atividades de autoavaliação

1. "Ao contrário do que as teorias sobre o fim da Guerra Fria previam, os gastos militares entre 1989 e 2014 aumentaram substancialmente. Salvo países da Europa ocidental e casos específicos, os atores mais relevantes no sistema internacional incrementaram sobremaneira seus gastos militares" (Lima et al., 2017, p. 28). Com base na citação e nos estudos de capacidades militares, assinale verdadeiro (V) ou falso (F) para as seguintes afirmativas:

   ( ) Ao contrário de outras economias globais, como os EUA e a China, os menores orçamentos militares do mundo, em valores absolutos, ocorrem em todas as economias da América Latina e da África, principalmente no Brasil, na Argélia e na Venezuela.

   ( ) Os Estados Unidos e a Rússia pertencem à primeira categoria de Estados com armamento nuclear, com a maior parte das capacidades nucleares globais.

   ( ) Em termos de distribuição de forças no sistema internacional, há uma quantidade restrita de Estados com capacidades nacionais de significativo impacto internacional.

   ( ) No caso do continente americano, os Estados Unidos são o único Estado com capacidade significativa de poder para a distribuição de forças no sistema internacional.

   ( ) Em termos de volume de gastos militares *per capita*, há certa correspondência entre Arábia Saudita, Omã e Estados Unidos, ainda que este último, em valores absolutos, tenha um orçamento militar muito maior do que os outros dois.

   ( ) Quando se fala em taxas de militares por mil habitantes, as menores proporções ocorrem em países do Oriente Médio e do Norte da África, como Egito, Sudão do Norte e Marrocos.

Assinale a alternativa que indica a sequência correta:
a) F, V, V, F, V, F.
b) V, F, V, F, V, F.
c) V, V, V, V, V, V.
d) F, F, V, F, F, V.
e) F, V, F, V, F, V.

2. Conforme Lima et al. (2017, p. 26),

> A capacidade bélica, tanto para atacar quanto para se defender, é um importante fator de poder na política internacional. O poder de um Estado varia de acordo com elementos materiais, [...], e simbólicos ou ideacionais [...]. Se os Estados puderem moldar tais dimensões de acordo com suas vontades, a influência deles será ainda mais duradoura e intensa no sistema internacional.

De acordo com o índice global de capacidades militares, seis Estados em particular compõem a "elite militar" do sistema internacional, todos com armamentos nucleares e apenas um que não integra o Conselho de Segurança das Nações Unidas:
a) EUA, França, Índia, Inglaterra, Israel e Rússia.
b) China, EUA, França, Índia, Inglaterra e Rússia.
c) Alemanha, China, EUA, Inglaterra, Israel e Paquistão.
d) Alemanha, EUA, Índia, Inglaterra, Paquistão e Rússia.
e) Alemanha, Japão, Rússia, EUA, Índia e China.

3. De acordo com Buzan e Waever (2003, p. 50, tradução nossa), "aqueles com uma predisposição wendtiana podem observar que sua teoria social pode ser facilmente aplicada como uma elaboração construtivista útil da variável amizade-inimizade

em Teoria dos CRS, embora seu modelo seja mais diferenciado do que a simples díade de inimigo ou amigo"[11], indique se as afirmativas a seguir são verdadeiras (V) ou falsas (F):

( ) Com base em Buzan e Waever (2003), os quais resgatam a tese de Wendt (2003) referente aos padrões de interação entre as unidades do sistema internacional, pode-se observar três padrões de interação entre os Estados: kantiano, lockeano ou hobbesiano.

( ) O padrão de interação hobbesiano foca o autointeresse de cada Estado na interação com outros Estados, aspecto que reduz as possibilidades de cooperação e amplia padrões conflituosos de interação.

( ) O padrão de interação lockeano não é focado no padrão contratualista, na oscilação entre cooperação e conflito. Esse padrão leva em conta apenas a cooperação, estimulada por uma comunidade de nações com valores comuns.

( ) Enquanto o padrão kantiano de interação aposta na cooperação, por meio do compartilhamento de valores em comunidades de nações, o padrão hobbesiano, pela ênfase no interesse individual estatal, tem um perfil de interação mais conflituoso.

( ) O padrão de interação lockeano apresenta um perfil contratualista de interação, o que estimula ora um padrão orientado à cooperação ora orientado ao conflito.

( ) Wendt (2003), por meio de uma plataforma flexível de aplicação, apresenta o argumento de que fases conflituosas (hobbesianas) e cooperativas (kantianas) podem ocorrer em regiões geográficas distintas, até ao mesmo tempo.

11. Do original "Those of a Wendtian predisposition can see that his social theory can easily be applied as a useful constructivist elaboration of the amity-enmity variable in RSCT, though his scheme is more differentiated than the simple dyad of enemy or friend" (Buzan; Waever, 2003, p. 50).

Assinale a alternativa que corresponde à sequência correta:
a) V, V, F, V, V, F.
b) F, V, F, V, V, V.
c) V, F, F, V, V, V.
d) F, V, V, F, V, V.
e) V, F, F, F, F, F.

4. No referente à proliferação de armas nucleares, Lima et al. (2017, p. 32) explicam que foram "elaborados tratados regionais de garantias coletivas sobre o não desenvolvimento de tecnologias nucleares para fins bélicos, incluindo grande parte dos países do Sul". Com base nessa afirmação, indique a alternativa correta que indica o tratado que tornou a América Latina uma zona "livre" de armas nucleares:
a) Pelindaba (1996).
b) Rarotonga (1985).
c) Bangkok (1995).
d) Tlatelolco (1967).
e) Canwfz (2006).

5. Com base na proposta teórica de perfil construtivista de Wendt (2003), Buzan e Waever (2003) analisam o comportamento dos Estados a partir do padrão amizade-inimizade, particularmente no caso dos CRS. Particularmente no que se refere à cooperação e aos padrões de interação globais, indique se as afirmativas a seguir são verdadeiras (V) ou falsas (F):
( ) Os *processos formadores de blocos de Estados*, termo adotado pela Geografia Humana no século XX, privilegiaram, em certa medida, o aspecto econômico do padrão de coalizão entre Estados com economias mais destacadas do sistema, o que fomentou blocos econômicos regionalistas.

( ) Para Buzan e Waever (2003), o tipo ideal de organização internacional cooperativa é aquele no qual os interesses de segurança dos Estados que a integram não assumem um papel relevante.
( ) Padrões globais de agrupamento (blocos econômicos, regimes políticos e de segurança, por exemplo) permitem indicar tendências de interação entre os Estados.
( ) As zonas livres de armas nucleares também podem servir como um indicador de padrões de cooperação estatais regionais.
( ) Os regimes internacionais, além de variáveis como normas e procedimentos, contribuem para a padronização de comportamentos e interações entre Estados.
( ) O modelo teórico de Wendt (2003) contribui para a consolidação de um modelo explicativo monocausal da interação entre os Estados, ou seja, a restrição ao conflito ou à cooperação como condicionantes básicos do comportamento dos Estados.

Assinale a alternativa que corresponde à sequência correta:
a) V, F, V, V, V, F.
b) V, F, V, F, F, V.
c) F, V, F, V, F, V.
d) V, V, F, V, V, F.
e) F, F, F, V, V, V.

Atividades de aprendizagem

Questões para reflexão

1. De acordo com Krasner (2012, p. 94), os "regimes podem ser definidos como princípios, normas e regras implícitos ou explícitos e procedimentos de tomada de decisões de determinada área das relações internacionais em torno dos quais convergem as expectativas dos atores". Comente a respeito de como a formação de blocos econômicos pode possibilitar um padrão cooperativo de interação entre os Estados.

2. Lima et al. (2017) apresentam algumas organizações e regimes internacionais de segurança (como Otan, Asean e Tiar) e padrões de amizade e de inimizade globais que, em certa medida, envolvem os espaços dessas organizações e desses regimes. Explique se e como os regimes ou as instituições internacionais de segurança ou de defesa podem reduzir os padrões conflituosos de interação entre os Estados.

Atividade aplicada: prática

1. Com base no capítulo e em pesquisas, escolha um bloco econômico (por exemplo, a UE) e uma instituição política ou de segurança internacional (por exemplo, a Otan) contemporâneos. Por meio da comparação entre as instituições, explique e exemplifique de que maneira elas impactam a formação de padrões globais de amizade e de inimizade.

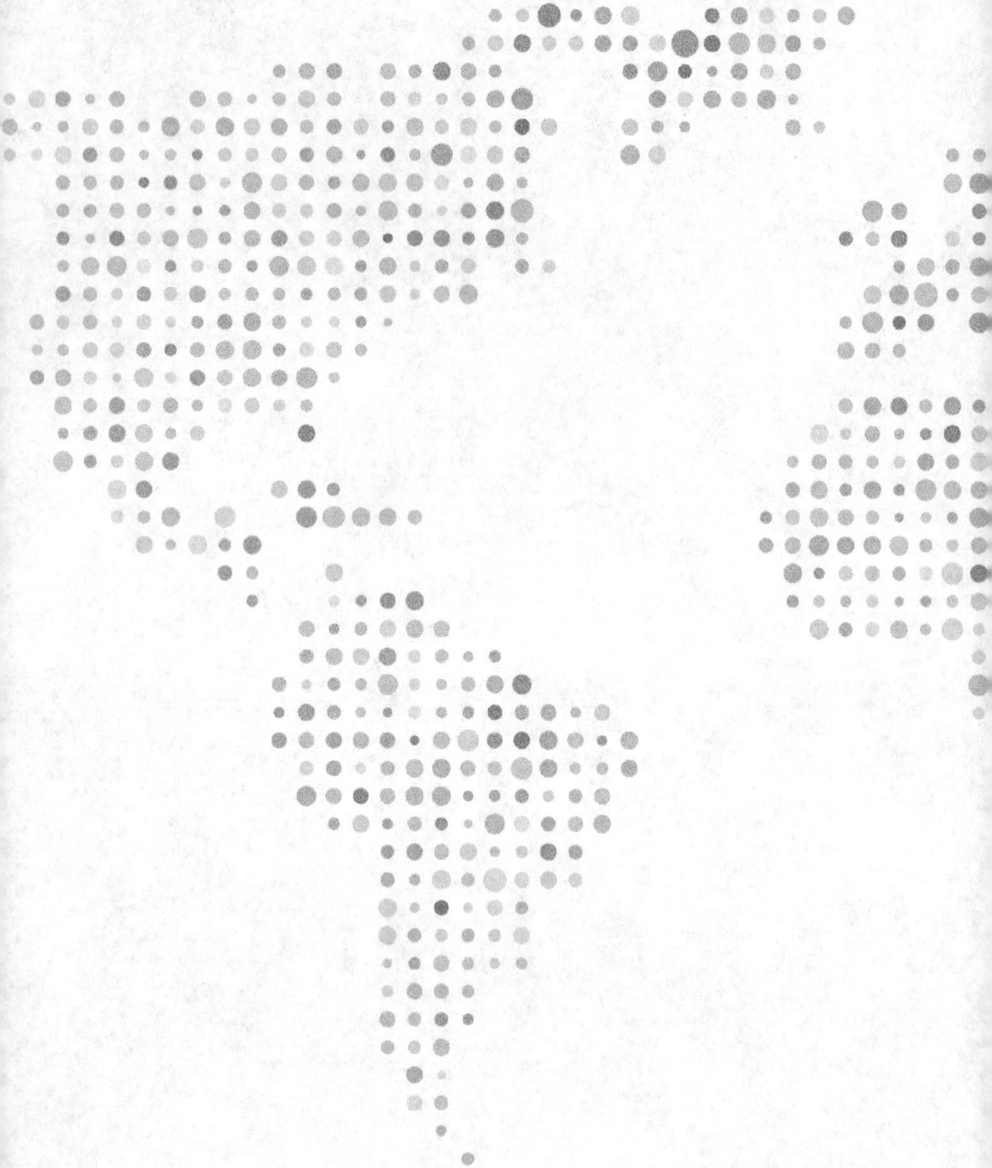

3 Complexos regionais de segurança

Este capítulo tem como objetivo apresentar cada complexo regional de segurança (CRS) elaborado por Buzan e Waever (2003). A data na qual a obra foi impressa e divulgada ao público reflete a pesquisa realizada pelos autores e por colaboradores da escola de Copenhague ao longo dos anos 1990 e início da década de 2000. Entretanto, desde o início do século XXI, sobretudo a partir do atentado às Torres Gêmeas, em 2001, o sistema internacional, bem como o espaço geográfico global, foram influenciados pela repercussão direta e indireta desse acontecimento. As intervenções norte-americanas no Afeganistão e no Iraque, o jogo de forças e as ações indiretas adotadas pela recuperação das capacidades econômicas da Rússia pós-soviética condicionaram mudanças no espaço e, portanto, no modelo de complexos regionais de segurança publicado em 2003.

Em certo sentido, esta parte da obra apresenta um roteiro de estudo e uma proposta metodológica de aproximação entre a Teoria das Relações Internacionais e a Geografia, em geral, e entre a Teoria dos Complexos Regionais e a Teoria Regional, em particular.

3.1 Complexo regional de segurança do Oriente Médio

A primeira observação em relação ao Oriente Médio deriva do grau de autonomia que essa região adquiriu em relação ao nível global de análise, mesmo considerando a influência e os interesses externos que estão presentes nesse espaço, como o acesso ao petróleo. A autonomia citada, em certa medida, deve-se ao padrão de interdependência securitária formada entre os seguintes Estados-chave: Argélia e Líbia; Egito e Israel; Arábia Saudita e Irã, os quais representam o centro de três subcomplexos regionais designados por Buzan e Waever (2003, p. 187, tradução nossa)[1]: "As definições do Oriente Médio variam, mas nós vemos um padrão de interdependência securitária que cobre uma região desde o Marrocos até o Irã, incluindo todos os Estados árabes, além de Israel e Irã". O Mapa 3.1 representa a proposta de regionalização sugerida.

Mapa 3.1 – Complexo regional do Oriente Médio e subdivisões

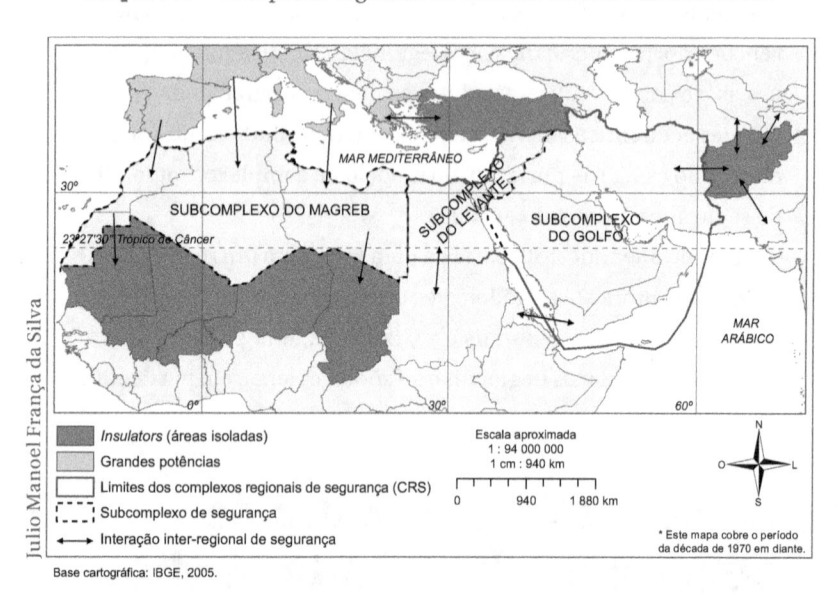

Fonte: Buzan; Waever, 2003, p. 187, tradução nossa.

Esse mapa demonstra três subcomplexos – Magreb, Levante e Golfo –, além de três "espaços-tampão", caracterizados pela função de isolamento exercida pela paisagem subtropical desértica

1. Do original "Definitions of the Middle East vary, but we see a pattern of security interdependence that covers a region stretching from Morocco to Iran, including all of the Arab states plus Israel and Iran" (Buzan; Waever, 2003, p. 187).

do Saara, pelo Estado turco e pelo Estado afegão. A justificativa para a existência e função de um espaço-tampão é apontada pelos autores:

> O Afeganistão é um isolante entre ele e o Sul da Ásia, e a Turquia é uma isolante entre ela e a Europa. A função isolante da Turquia foi realçada pelo fato de que, embora ela já tenha controlado boa parte do mundo árabe [...], da década de 1920 em diante ela retornou em larga medida a esse passado, no intuito de perseguir a visão ocidentalista de Ataturk do futuro do país. (Buzan; Waever, 2003, p. 187, tradução nossa)[2]

O núcleo do complexo regional do Oriente Médio, isolado pelos três espaços-tampão, tem o subcomplexo do Levante em seu centro. Essa sub-região compreende um conflito histórico entre judeus e palestinos pela criação e pelo controle de um Estado palestino autônomo, bem como pela cidade de Jerusalém. O que torna esse espaço simbólico por sua centralidade regional é o fato de esse conflito revelar uma guerra de maior proporção, de natureza territorial e histórica, entre o mundo árabe e o Estado de Israel.

Basta observarmos o conjunto de enfrentamentos entre Israel e Palestina (1948-1949, 1956, 1967, 1969-1970, 1973, 1982), nos quais não apenas os dois protagonistas estiveram presentes, mas também Estados árabes vizinhos, além de atores não estatais, como grupos militares organizados, com Hezbollah, grupo paramilitar

---

2. Do original "Afghanistan is an insulator between it and South Asia, and Turkey between it and Europe. Turkey's insulating function was enhanced by the fact that, although it had once ruled much of the Arab world [...] from the 1920s onwards it largely turned its back on this past in order to pursue Ataturk's Westernistic vision of its future" (Buzan; Waever, 2003, p. 187).

originalmente libanês; Hamas, organização palestina e sunita; e Organização para Libertação da Palestina (OLP), que é considerada por Israel como a representante oficial dos palestinos (Buzan; Waever, 2003, p. 191).

O segundo subcomplexo delineado pelos autores inclui os Estados da Arábia Saudita, Iêmen, Qatar, Omã, Irã. A coesão dessa sub-região foi estabelecida após a retirada da Inglaterra, em 1971. O núcleo da rivalidade geoestratégica que concebe a identidade política desse espaço ocorre entre Irã e Arábia Saudita, complementado por uma rivalidade periférica entre Arábia Saudita e Iêmen[3], cuja origem precede a formação do subcomplexo e contempla explicações de origem territorial e étnica fornecidas pela literatura. Entretanto, diante do modelo de classificação proposto nesta obra, quando observamos as capacidades militares dos dois principais Estados, Irã e Arábia Saudita, com base em vários fatores, como território, indústria, recursos naturais, quantidade de militares disponíveis e demais fatores considerados pelo *Global Firepower Database* (Mapa 2.5), ambos contemplam os maiores indicadores do Oriente Médio. Assim como quando consideramos as capacidades nacionais (Mapa 2.6), outro indicador sugerido nesta obra é um índice de maior abrangência e que leva em consideração tanto capacidades produtivas quanto o grau de vulnerabilidade a fontes primárias de energia de dada população, e os únicos Estados que aparecem e se diferenciam do restante do Oriente Médio são Irã e Arábia Saudita.

Quando se compara o subcomplexo do Golfo com o subcomplexo do Levante, duas rivalidades são encontradas: a que se estabelece entre Irã e Arábia Saudita e a que ocorre entre Israel e

---

3. Os autores originalmente afirmavam a existência de uma rivalidade triangular entre Irã, Arábia Saudita e Iraque.

os palestinos. Em certo sentido, essa dupla rivalidade sintetiza o núcleo lógico de cada subcomplexo. O impacto dessas duas raízes de conflitos geoestratégicos extrapola cada subcomplexo em si e vincula os demais Estados, ou mesmo grupos paramilitares e outros atores, em torno desses dois antagonismos originais.

A existência de uma guerra constante e de longa durabilidade entre os quatro atores centrais permite à literatura indicar a formação de *proxy wars*, ou de *guerras híbridas*. O termo foi cunhado por Hoffman (2007) ao ilustrar como a guerra entre Israel e o Hezbollah, em 2006, teve como base distintas formas de conflitos: convencionais ou terroristas, bem como do envolvimento de múltiplos atores, estatais ou não (Piccoli; Machado; Monteiro, 2016):

De acordo com Guindo, Martínez e González (2015, p. 4, tradução nossa),

> a denominação de guerra híbrida aparece pela primeira vez em um artigo publicado na prestigiada revista *Proceedings*, no ano de 2005. Mattis e Hoffman, em *Future Warfare: The Rise of Hibrid Wars*, ao falarem dos Estados Unidos, advertiam que a superioridade deste último criaria uma lógica que impulsionaria aos atores estatais e não estatais a abandonarem o modo tradicional de fazer a guerra e a buscarem uma capacidade ou algum tipo de combinação de tecnologias e táticas que lhes permitiria obter uma vantagem sobre seu adversário. Uma lógica que não encontrava acomodação na classificação das ameaças emergentes que apareceram na Estratégia Nacional de Defesa

dos Estados Unidos, publicada em março daquele mesmo ano, e que distinguia entre tipos de guerra tradicional, irregular, catastrófica e disruptiva.[4]

As consequências resultadas dessa dupla rivalidade e a forma que as guerras derivadas dessa estrutura de enfrentamento assumiram na transição do século XX para o século XXI incluem considerar modos convencionais e não convencionais de atrito. Isso significa vincular a disputa pela hegemonia da região ao enfrentamento indireto pelo fornecimento de armamentos para grupos terroristas, pelo financiamento de partidos ou grupos políticos organizados, pelo ataque a sistemas de segurança cibernéticos ou pela guerra de maneira direta.

Os subcomplexos do Levante e do Golfo são espaços de conflito perene que estão na fronteira de como as guerras tendem a se formar hodiernamente. Sobretudo, são o palco da maneira pela qual a relação entre guerra, espaço e poder ocorre e, por isso, a tentativa de regionalização desse espaço deve contemplar o entendimento dessas relações.

Diante do exposto, o terceiro subcomplexo, considerado um espaço satélite dos demais, é o Magreb, na região noroeste da África. Devido ao menor poder relativo dos Estados que constituem esse subcomplexo, bem como em razão da posição que ocupa

---

4. Do original "[...] la denominación de guerra híbrida aparece por primera vez em un artículo publicado en la prestigiosa revista *Proceedings*, en el año 2005. Mattis y Hoffman en *Future Warfare: The Rise of Hybrid Wars*, al hablar de los Estados Unidos, advertían que la superioridad de este último crearía una lógica que impulsaría a los actores estatales y no estatales a abandonar el modo tradicional de hacer la guerra y a buscar una capacidad o algún tipo de combinación de tecnologías y tácticas que les permitiera obtener una ventaja sobre su adversario. Una lógica que no encontraba acomodo en la clasificación de las amenazas emergentes que apareció en la Estrategia Nacional de Defensa de los Estados Unidos publicada en marzo de ese mismo año, y que distinguía entre tipos de guerra tradicional, irregular, catastrófica y disruptiva" (Guindo; Martínez; González, 2015, p. 4).

em relação ao Saara e ao Mediterrâneo, forma uma sub-região isolada, em suas faces norte e sul, do restante do mundo árabe. Como consequência, a projeção de futuro das elites locais desses Estados é feita em direção a como se aproximar da formação de acordos com a União Europeia (UE) sem que isso resulte em uma inserção dependente:

> O Ato Único da União Europeia (AUE), de 1986, e a ameaça econômica que ele representava para a forte dependência econômica do Magreb em relação à Europa forçou uma mudança geral das relações de equilíbrio de poder em relação a um foco coletivo na Europa (Cammet, 1999). Em 1988, Líbia, Tunísia, Argélia e Marrocos aprimoraram suas anteriormente complicadas relações bilaterais, as quais prepararam o caminho, em 1989, para a formação da União Árabe do Magreb (UAM). (Buzan; Waever, 2003, p. 214, tradução nossa)[5]

Ainda que o subcomplexo do Magreb não seja uma sub-região que comporá uma aliança migratória ou política com a UE, a formação de um espaço econômico com preferências parece interessar a ambos: "A UE deixou claro que a África do Norte não é elegível para adesão, mas que é elegível para graus de parceria econômica e ajuda na estabilização da região, de modo a prevenir-se de ameaças de migração, crime, terrorismo e interrupção do

---

5. Do original "The EU's Single European Act (SEA) of 1986, and the economic threat that this was seen to pose to the Magreb states' heavy economic dependence on Europe, forced a general shift from balance-of-power relations towards a collective focus on Europe (Cammet 1999). In 1988, Libya and Tunisia, and Algeria and Morocco improved their previously troubled bilateral relations, which paved the way in 1989 for the formation of the Arab Maghreb Union (AMU)" (Buzan; Waever, 2003, p. 214).

suprimento de petróleo (Hollis, 1997: 35-5: 1999)" (Buzan; Waever, 2003, p. 214, tradução nossa)[6].

O complexo regional do Oriente Médio é divido em três subcomplexos: Levante, Golfo e Magreb. Como procuramos demonstrar, os subcomplexos do Golfo e do Levante são os espaços que direcionam o fluxo dos conflitos e o padrão de alianças inter-regionais, internacionais e subestatais. O modo como esses atores se relacionam revela o grau de autonomia que essa região demonstra em relação ao restante do sistema.

3.2 Supercomplexo europeu

O espaço europeu é dividido em dois complexos regionais que formam um supercomplexo. A designação indica a existência de significativas interações entre as fronteiras de cada um desses complexos, ainda que a lógica de formação e de classificação de cada uma das duas regiões básicas – Europa Ocidental e espaço pós-soviético – tenha coesão própria.

Conforme demonstra o Mapa 3.2, são identificadas três escalas ou níveis de análise e duas qualificações para o continente europeu: subcomplexos, complexos e supercomplexos; estes dois últimos sendo grandes ou fracos, respectivamente. A estrutura de classificação criada para organizar as três distintas escalas tem o complexo regional de segurança como a unidade básica de análise e a existência de um supercomplexo deriva da necessária interação entre as regiões, mas que não se sobrepõe nem indica

---

6. Do original "The EU has made it clear that North Africa is not eligible for membership, but that it is eligible for degrees of economic partnership and aid at stabilizing the region so as to prevent it from threats of migration, crime, terrorism, and disruption to oil supply (Hollis 1997: 35-5; 1999)" (Buzan; Waever, 2003, p. 214).

qualquer perspectiva de integração entre ambas. Por isso há a qualificação de grandes complexos regionais para o complexo da Europa Ocidental e do espaço pós-soviético e de fraco supercomplexo para o conjunto dessas duas grandes regiões. Diante dessa evidente divisão, esta seção consiste na descrição de cada uma dessas unidades individualmente.

Mapa 3.2 – Supercomplexo europeu

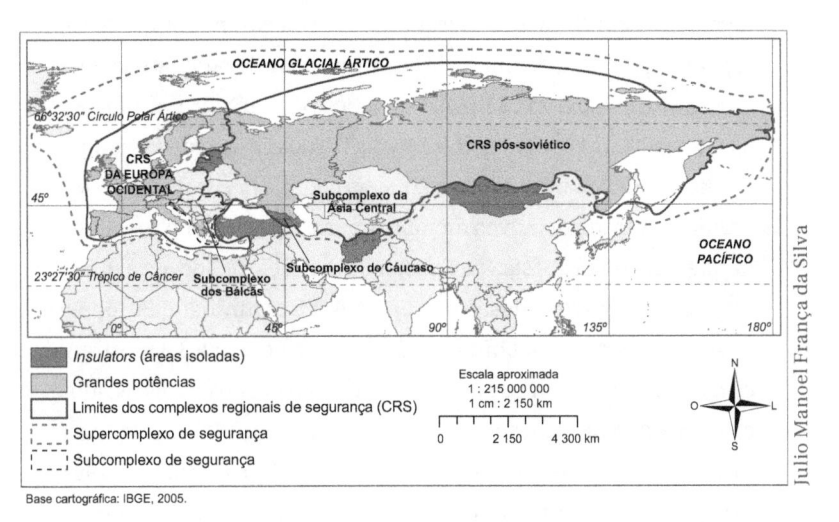

Fonte: Buzan; Waever, 2003, p. 350, tradução nossa.

A Europa Ocidental e a UE formam uma comunidade de segurança estabelecida sobre as bases de um projeto de integração regional elaborado após o fim da Segunda Guerra Mundial. Esse projeto tem como fundamento histórico o medo do retorno à fragmentação vivida pelo continente antes de 1945. As divisões, derivadas do ultranacionalismo, somadas ao desequilíbrio na balança de poder europeia e à rivalidade entre discursos liberais e antiliberais no nível doméstico, representaram as causas e o combustível para a guerra sistêmica de maior proporção já ocorrida na história mundial. Nesse sentido, o elo da UE tem na insegurança histórica a força inercial que mantém a coesão da região como comunidade de segurança. A lógica de formação desse complexo regional tem, portanto, na tensão entre o aprofundamento do processo de integração, iniciado após 1945, e na fixação de identidades nacionais o jogo básico daquele espaço.

Ao longo do século XX, conforme o processo de integração começou a se aprofundar, novas ameaças começaram a surgir e, em especial após o fim da Guerra Fria, um grupo de Estados atrelados à zona de influência do complexo soviético passou a formar subcomplexos regionais, reorientando-se para a Europa Ocidental. Essas duas razões condicionaram a forma atual do complexo europeu, pressionando a entrada de novos membros para a UE e, como resultado parcial, a unidade básica da Europa ocidental foi colocada à prova.

A cronologia de adesão dos Estados à Comunidade Europeia ilustra o raciocínio elaborado. O Quadro 3.1 e o Mapa 3.3 mostram os Estados que foram sendo incorporados ao grupo de seis Estados originais que ratificaram o Tratado de Paris, em 1951, o qual instituiu a Comunidade Europeia do Carvão e do Aço. De 1951 até 1995, foram incorporados nove Estados pertencentes às porções norte e oeste da Europa, com exceção da Grécia. Mas foi a partir dos anos 2000, quando foram incorporados os Estados da porção centro-leste do continente europeu e estes passaram a fazer parte do Acordo de Schengen, assinado em 1985, que as tensões e o grau de coesão do bloco passaram a ser questionados por parte da população da Europa Ocidental. O fim da Guerra Fria contribuiu para o desenvolvimento dessa discordância, uma vez que boa parte dos Estados estava em uma zona de transição entre o complexo de segurança ocidental e o complexo soviético, tal como mostra o Mapa 3.4 do continente europeu antes de 1989, elaborado por Buzan e Weaver (2003).

Quadro 3.1 – Cronologia de adesão e tratados constitutivos: comunidade europeia

Ano	1951	1957	1973	1981	1985	1986	1991	1995	2001	2004	2007	2013
Ano de adesão dos Estados à Comunidade Europeia	Alemanha											
	França											
	Itália											
	Luxemburgo											
	Países Baixos											
	Bélgica											
			Dinamarca	Grécia		Espanha		Áustria		Chipre	Bulgária	Croácia
			Irlanda			Portugal		Finlândia		Malta	Roménia	
			Reino Unido					Suécia		República Tcheca		
										Estónia		
										Hungria		
										Letónia		
										Lituânia		
										Polónia		
										Eslováquia		
										Eslovénia		
Tratados	Tratado de Paris	Tratado de Roma			Acordo de Schengen		Tratado de Maastricht		Tratado de Nice		Tratado de Lisboa	

Mapa 3.3 – Membros e não membros do Acordo de Schengen

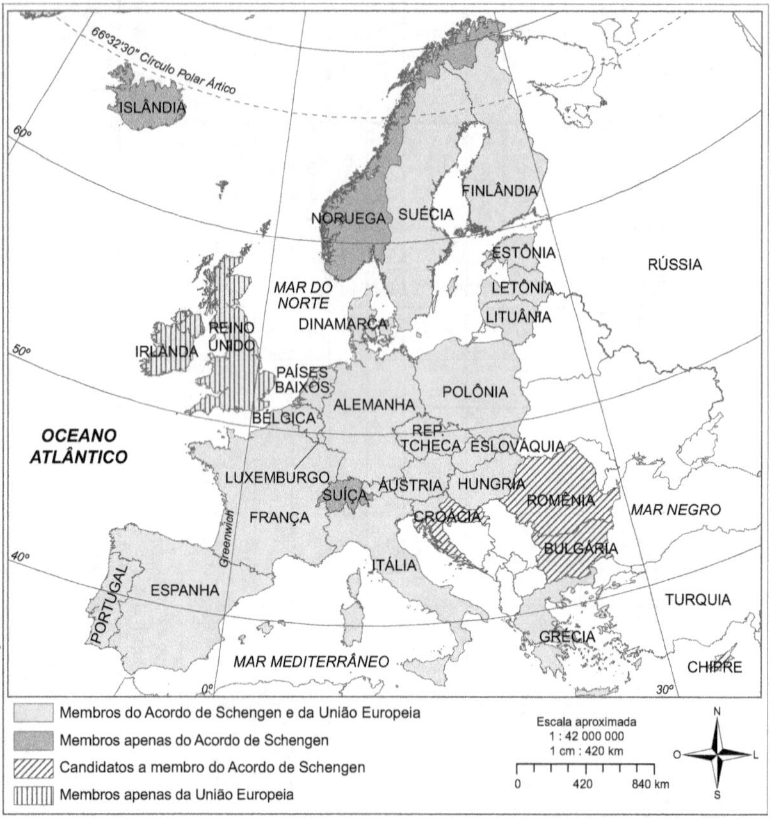

- Membros do Acordo de Schengen e da União Europeia
- Membros apenas do Acordo de Schengen
- Candidatos a membro do Acordo de Schengen
- Membros apenas da União Europeia

Escala aproximada
1 : 42 000 000
1 cm : 420 km

Base cartográfica: IBGE, 2005.

Fonte: Stratfor, 2015, tradução nossa.

Os países situados na região dos Balcãs, formados após o colapso da Iugoslávia, mediante as independências sequenciais da Eslovênia, da Croácia, da Bósnia-Herzegovina e da Macedônia em relação ao centro de comando dos sérvios, revelam um subcomplexo regional independente da União Europeia e que deve ser entendido como uma sub-região externa ao bloco europeu. A fragmentação dos Bálcãs, ocasionada nos anos 1990, sob a influência do fim do regime soviético, demonstra um espaço de transição semelhante ao dos Estados do Leste Europeu em relação à Comunidade Europeia. Ainda que o grau de proximidade entre esses Estados e o bloco europeu seja maior do que o dos países balcânicos, a entrada da Croácia na União Europeia, em 2013, demonstrou a influência que o complexo europeu exerce sobre o subcomplexo dos Bálcãs.

Diante das sucessivas fases de incorporação e expansão da UE, Buzan e Waever (2003) elaboraram uma tipologia familiar à Geografia, designando a lógica de regionalização do bloco europeu em círculos de expansão territorial concêntricos ao núcleo gravitacional da Europa Ocidental: "A UE e a Europa têm uma estrutura de centro-periferia: a Europa 'Central' se organiza como círculos concêntricos ao redor do núcleo ocidental" (Buzan; Waever, 2003, p. 353, tradução nossa)[7]. Como proposto, podemos observar pela cronologia de incorporação dos Estados à UE uma estrutura de centro-periferia, formada no decorrer do século XX.

---

7. Do original "EU-Europe has a centre-periphery structure: 'Central' Europe organizes itself as concentric circles around the western core" (Buzan; Waever, 2003, p. 353).

Mapa 3.4 – Complexos regionais europeus durante a Guerra Fria

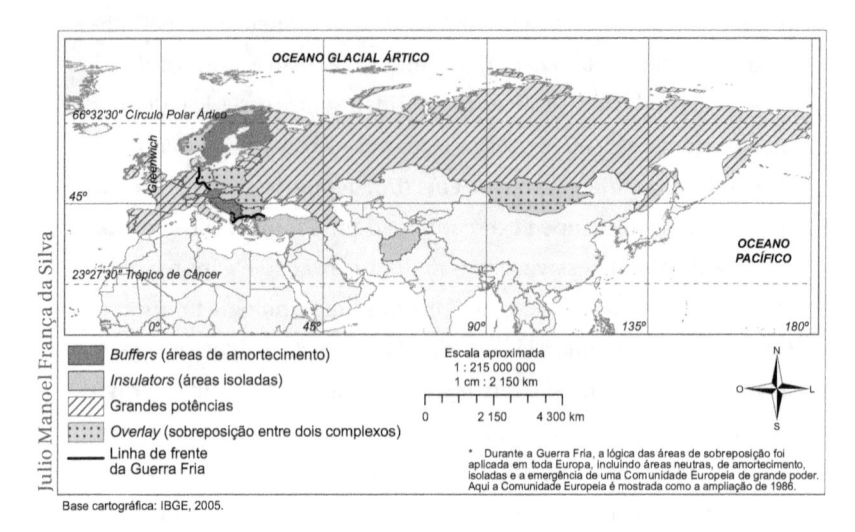

- Buffers (áreas de amortecimento)
- Insulators (áreas isoladas)
- Grandes potências
- Overlay (sobreposição entre dois complexos)
- Linha de frente da Guerra Fria

Escala aproximada
1 : 215 000 000
1 cm : 2 150 km

* Durante a Guerra Fria, a lógica das áreas de sobreposição foi aplicada em toda Europa, incluindo áreas neutras, de amortecimento, isoladas e a emergência de uma Comunidade Europeia de grande poder. Aqui a Comunidade Europeia é mostrada como a ampliação de 1986.

Base cartográfica: IBGE, 2005.

Fonte: Buzan; Waever, 2003, p. 349, tradução nossa.

Foi sobretudo esse grau de inclusão da periferia ao centro do sistema que motivou a crise do bloco, deflagrada com a votação de junho de 2016 para a saída da Inglaterra da UE: o Brexit. Foi o indicador das tensões que a Comunidade Europeia passou a enfrentar, derivadas de pressões internas, como o grau de fragmentação étnica do espaço ampliado da Comunidade ou de pressões externas, derivadas da formação de corredores migratórios entre o Mediterrâneo, os Bálcãs e o Oriente Médio, situações às quais o complexo de segurança da Europa Ocidental está submetido. A relação insatisfatória entre migração, livre circulação de pessoas e segurança constitui o conflito contemporâneo pelo qual o espaço europeu passou a estar desafiado. Ao contrário da insegurança que motivou a criação da Comunidade Europeia, em 1957, mediante a assinatura do Tratado de Paris entre os países diretamente envolvidos na Segunda Guerra Mundial, a corrente insegurança europeia é menos derivada de um inimigo estatal clássico ou de uma guerra interestatal europeia do que da existência de ameaças à vida cotidiana da população civil. Isso se deve ao crescente aparecimento de assaltos, roubos, sequestros, piores condições de trabalho e, sobretudo, ao medo do terrorismo internacional.

Mapa 3.5 – Corredor migratório Turquia-Europa

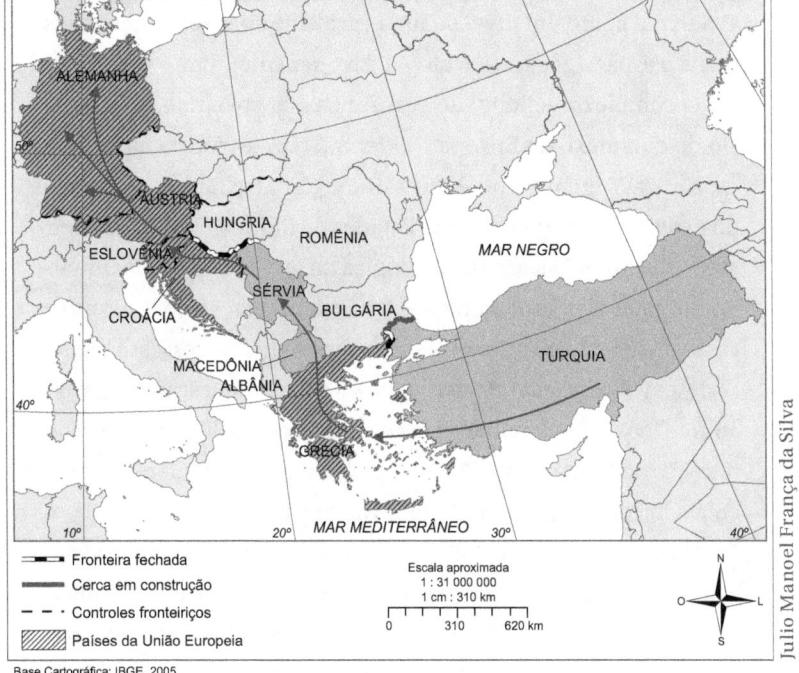

Fonte: Cada vez menos..., 2016.

Em síntese, o complexo de segurança europeu empreendeu no início da etapa de integração a busca pela superação da rivalidade histórica entre Estados Nacionais vizinhos, a força do projeto comunitarista. Conforme ocorre o desenvolvimento e a progressiva expansão do bloco, a lógica de insegurança inicial, atrelada aos Estados Nacionais, converte-se na insegurança contemporânea dos indivíduos. A Teoria das Relações Internacionais identifica essa dinâmica como uma mudança no nível de análise do problema, assim como a Geografia classificaria como uma mudança na escala de observação do fenômeno. Contudo, ambos os campos do conhecimento reconhecem a fase atual do bloco europeu, bem como, mediante análise apresentada por Buzan e Waever (2003), atestariam a existência de um complexo regional da Europa Ocidental como um nível ou uma escala de análise por meio das quais o espaço geográfico global deve ser entendido.

O complexo regional de segurança pós-soviético, ao contrário do complexo da Europa Ocidental, tem estrutura assimétrica, centrada em uma potência militar global: a Rússia. O espaço pós-soviético foi dividido em: Estados do Báltico, Estados ocidentais, Cáucaso e Ásia Central. A lógica de organização e de funcionamento desses subcomplexos tem maior relação com o centro russo do sistema do que entre si. Em termos históricos, essa região se desenvolveu mediante dois padrões de longa duração: 1) devido ao conflito ou à acomodação derivados de ciclos de expansão e de retração do Estado russo; 2) aumento do grau de interdependência com a Europa Ocidental (Buzan; Waever, 2003, p. 397).

Os três Estados que formam o subcomplexo do Báltico são a Estônia, a Lituânia e a Letônia, que fazem divisa com o Mar Báltico a oeste e com o território russo ao leste. Em geral, esse subcomplexo é entendido como uma região mais orientada à Comunidade Europeia do que ao complexo russo. A própria vinculação dos Estados bálticos ao Tratado do Atlântico Norte (Otan) demonstra o arranjo militar pelo qual esse grupo de países está vinculado (Mapa 3.6). Entretanto, o motivo pelo qual esses Estados estão inseridos no subcomplexo pós-soviético deriva de duas razões relacionadas: fazem parte da linha de defesa direta entre o território russo e o restante do continente europeu e estão situados em uma zona de intersecção entre o complexo europeu e o complexo pós-soviético. Isso demonstra a condição tênue e delicada, em termos de segurança, na qual esse subcomplexo se encontra.

Mapa 3.6 – Kaliningrado

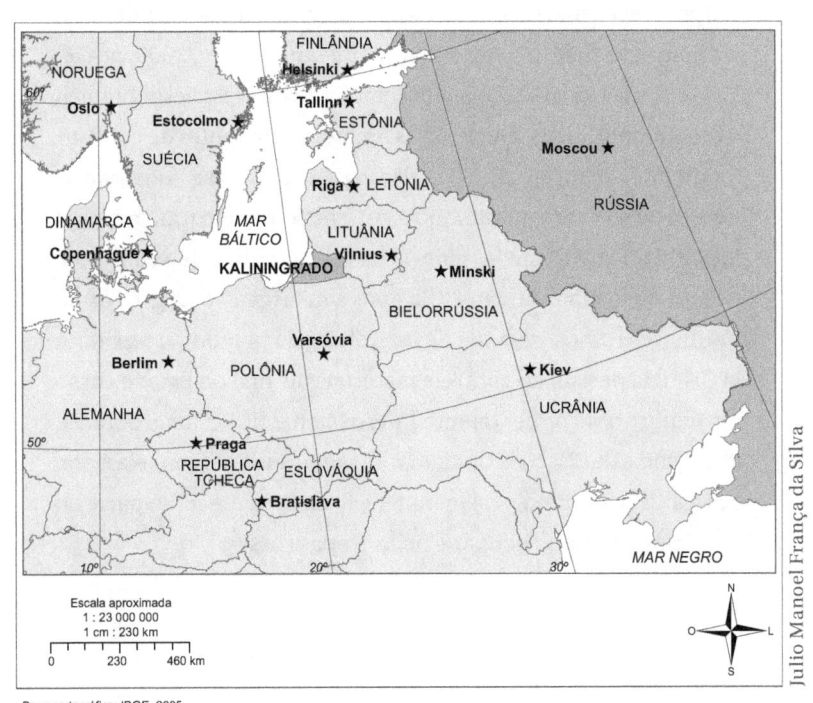

Base cartográfica: IBGE, 2005.

Fonte: Rússia..., 2015.

O segundo subcomplexo pós-soviético é formado pelos Estados da Bielorrússia, da Ucrânia e da Moldávia. Em termos de segurança, os dois primeiros estabelecem um jogo dual entre a Rússia e a Europa Ocidental. A Bielorrússia é uma república alinhada aos interesses russos, e sua contraparte, a Ucrânia, é um Estado dividido, porém, em grande medida, alinhado ao Ocidente. Para a Rússia, o centro do complexo pós-soviético, ambos têm linhas de defesa militar, enquanto a Bielorrússia é um espaço vital para a defesa aérea do território russo e, em especial, de defesa terrestre para Kaliningrado, conforme demonstra o Mapa 3.6. A própria doutrina militar consensual da Bielorrússia é de manutenção de um "espaço comum de defesa" com a Rússia (Buzan; Waever, 2003, p. 416).

O caso da Ucrânia é de maior complexidade e tem desdobramentos contemporâneos. Duas são as fontes permanentes de conflito: o controle do Mar Negro e a população russa residente. Enquanto no interior do território ucraniano os russos compõem uma minoria, na península da Crimeia, sede da base naval russa de Sebastopol, esse povo é a maioria. Em 2013, após a insurgência de grupos paramilitares russos, seguida de um referendo popular, o território da Crimeia passou ao controle material e formal do Estado russo. Entretanto, o reconhecimento internacional dessa incorporação pelo sistema das Nações Unidas não aconteceu. A Assembleia Geral da organização votou pela manutenção da Crimeia como parte do território ucraniano ocupado pelas tropas russas.

Mapa 3.7 – Estados-membros da Otan

Base cartográfica: IBGE, 2005.

Fonte: Nato, 2018, tradução nossa.

Os dois últimos subcomplexos do espaço pós-soviético são o caucasiano e o centro-asiático, submetidos à influência direta dos interesses geoestratégicos russos. O primeiro, formado por uma porção norte-caucasiana e pró-Rússia, em que estão os Estados da

Chechênia e do Daguestão, e uma porção sul-caucasiana, formada por Armênia, Azerbaijão e Geórgia, dividida entre o alinhamento armeno-russo e o alinhamento Geórgia-EUA. O segundo subcomplexo, composto por Turcomenistão, Quirguistão, Tadjiquistão, Uzbequistão e Cazaquistão tem estrutura pouco robusta em termos militares, portanto, aberta à influência internacional. Os dois subcomplexos foram ponderados pela literatura como formadores de um único subcomplexo centro-asiático-caucasiano. De fato, quando observamos a posição que esses dois arranjos de Estados ocupam em relação à Rússia, notamos um grau de homogeneidade. Sobretudo, duas são as razões que integram esses subcomplexos em uma possível área unificada: a) a competição para o controle dos gasodutos de petróleo e de gás – "O principal prêmio na geopolítica da Ásia Central e do Cáucaso é o controle do transporte de petróleo e gás. [...] agora Moscou vê a batalha internacional pelo controle sobre as riquezas do petróleo e do gás do Mar Cáspio como uma questão de segurança nacional" (Buzan; Waever, 2003, p. 422, tradução nossa)[8]; b) a contenção da influência ascendente de grupos terroristas organizados: "A região geralmente enfrenta problemas transnacionais como tráfico de drogas e movimentos religiosos suportados por Estados fracos" (Buzan; Waever, 2003, p. 425, tradução nossa)[9].

Ambos os complexos regionais de segurança europeus formam um supercomplexo com perfil competitivo de relação, no qual os subcomplexos inseridos são submetidos a uma influência dupla,

---

8. Do original "The main prize in the geopolitics of Central Asia and the Caucasus is control of the transportation of oil and gas. [...] Moscow now views the international battle for control over Caspian Sea oil and gas riches a point of national security" (Buzan; Waever, 2003, p. 422).

9. Do original "The region generally struggles with transnational problems such as drug trafficking and religious movements enabled by weak states" (Buzan; Waever, 2003, p. 425).

seja da fase expansionista russa, seja da busca pela entrada na Comunidade Europeia. Cada um dos casos de maior complexidade e contemporaneidade citados, como a invasão da Crimeia e a saída do Inglaterra da União Europeia, está submetido à influência direta dessa variável regional em sua equação interpretativa.

3.3 Complexo africano

O continente africano foi dividido por Buzan e Waever (2003) em três sub-regiões e em uma área contínua de transição. O Mapa 3.8 ilustra essa classificação e apresenta uma legenda com três itens: o primeiro, com traço contínuo, demarca os limites de um subcomplexo regional; o segundo, com pequenas setas tracejadas, indica "significativas interações inter-regionais de segurança"; e o terceiro, em área hachurada, indica zonas-tampão. Adicionalmente às categorias encontradas no Oriente Médio, o espaço africano contempla o conceito de protocomplexos, que, como uma categoria representativa da condição geral desse sistema regional, são áreas com baixo grau de relação inter-regional e, portanto, com graus de sensibilidade e de vulnerabilidade e pouco expressivas em relação aos vizinhos, a ponto de formarem espaços com relativa autonomia, seja em relação aos atores sub-regionais, seja em relação aos atores globais.

Mapa 3.8 – Complexos regionais africanos

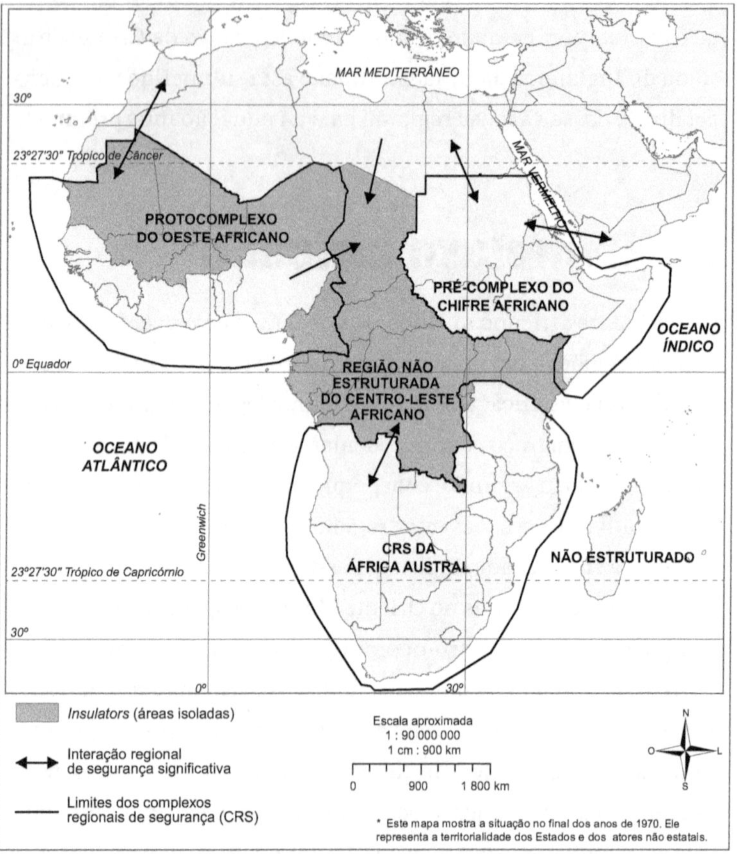

Julio Manoel França da Silva

Base cartográfica: IBGE, 2005.

Fonte: Buzan; Waever, 2003, p. 230, tradução nossa.

O núcleo do argumento apontado deriva, em grande medida, do processo africano de descolonização, ocorrido majoritariamente após a Primeira e a Segunda Guerras Mundiais, no qual os Estados estabeleceram fronteiras cartográficas formais, mas que não contemplavam a realidade material dos múltiplos agrupamentos humanos assentados no território africano desde os períodos pré-coloniais. A tensão entre o desenho dos Estados, formado após a descolonização, e o controle exercido pelos grupos paramilitares intraestatais fornecem a identidade básica desse complexo regional como um todo. Nesse sentido, a formação dos protocomplexos é resultado da condição na qual a maior parte dos Estados africanos se encontra, em geral orientados para solucionar problemas domésticos, ao contrário de disputar hegemonias regionais:

> No centro do problema repousa o Estado pós-colonial, o qual foi o preço a ser pago pela rápida descolonização. Transplantar modos de desenvolvimento econômico dos Estados de estilo europeu e formas de relações internacionais vestfalianas para povos não europeus não foi fácil em lugar nenhum. (Buzan; Waever, 2003, p. 219, tradução nossa)[10]

Em outras palavras, os Estados africanos criados após a descolonização são entidades políticas fracas quando comparados a grupos políticos estabelecidos e espalhados pelo continente. Os dois subcomplexos que melhor ilustram o argumento são os protocomplexos da África Ocidental e do Chifre da África. O primeiro deles tem estrutura similar ao subcomplexo sul-africano, orientado em torno de um Estado com maior força relativa quando comparado aos vizinhos, porém fraco em relação aos demais complexos regionais.

O Estado nigeriano ocupa essa posição em relação aos demais pequenos Estados adjacentes, como Gana, Togo, Costa do

---

10. Do original "At the centre of the problem lies the postcolonial state, which was the price to be paid for rapid decolonisation. Transplanting European-style states modes of economic development, and forms of Westphalian international relations to non--European peoples was not easy anywhere" (Buzan; Waever, 2003, p. 219).

Marfim, Libéria, Serra Leoa e Guiné-Bissau, e quando comparado a Estados centrais de outros complexos regionais, como é o caso da Arábia Saudita para o Oriente Médio, em que os números revelam a distância de capacidades entre ambos. Como consequência dessa afirmação, os protocomplexos africanos têm uma situação *sui generis*, na qual são Estados fracos, cercados de Estados recém-constituídos e, em geral, com pequenas capacidades nacionais, quando não Estados falidos: "O CRS da África Ocidental [...] é uma mistura incomum. Compõe um conjunto de Estados fracos, a maioria dos quais também são potências fracas, dominadas por uma potência regional que também é um Estado fraco" (Buzan; Waever, 2003, p. 240, tradução nossa)[11].

O Mapa 2.5, sobre capacidades militares, demonstra essa disparidade com maior precisão empírica. Extraído do *Global Firepower Database* de 2017, o indicador reúne um conjunto de variáveis que se utilizam de componentes militares para quantificar um índice global de força militar. Ao observarmos esse índice, o Estado nigeriano aparece como o único da África Ocidental com capacidades significativas.

O que define a existência de um protocomplexo na porção oeste do continente africano é, sobretudo, a existência da Comunidade Econômica de Estados da África Ocidental (Ecowas), formada pelos Estados de Benin, Burkina Faso, Cabo Verde, Costa do Marfim, Gâmbia, Gana, Guiné, Guiné Bissau, Libéria, Mali, Níger, Nigéria, Senegal, Serra Leoa e Togo, em 28 de maio de 1975. Segundo a Ecowas, seu objetivo é promover a integração econômica entre os Estados-membro na indústria, nos transportes, nas telecomunicações, no comércio, na agricultura e na energia, bem como em

---

11. Do original "The West African RSC, [...], is an unusual mixture. Both comprise a set of weak states, most of which are also weak powers, dominated by a regional power that is also weak state" (Buzan; Waever, 2003, p. 240).

relação à política monetária e até mesmo social. Antes de 1975, seria difícil afirmar a existência de um protocomplexo da África Ocidental, tanto pela inexistência de um regime internacional quanto pelo nível insuficiente de interação, em termos securitários, entre os Estados dessa sub-região.

A chave explicativa para a formação de um protocomplexo deriva do rápido desenvolvimento da Ecowas em direção à formação de uma aliança de natureza não apenas econômica mas também militar e política. Um conjunto de acordos ilustra essa proposição: a assinatura do Protocolo de Não Agressão, em 1978; o Protocolo de Assistência Mútua e Defesa, de 1981; e o Comitê de Mediação, de 1990, que gerou uma missão de paz liderada pela Nigéria, o Grupo de Monitoramento da Comunidade Econômica dos Estados da África Ocidental (Ecomog).

Como exposto no capítulo anterior, uma das variáveis que contribuem para a formação de complexos regionais é a existência de padrões de amizade entre os Estados, que podem ser aprofundados em regimes internacionais. O caso do protocomplexo da África Ocidental ilustra esse argumento tanto pela criação da Ecowas quanto pela formação do Ecomog. Como demonstra Krasner (2012, p. 94), os "regimes podem ser definidos como princípios, normas e regras implícitos ou explícitos e procedimentos de tomada de decisões de determinada área das relações internacionais em torno dos quais convergem as expectativas dos atores". A definição trazida por Krasner (2012) é reforçada por Buzan e Waever (2003, p. 239, tradução nossa): "a existência da ECOWAS, [...], parecia qualificar o CRS da África Ocidental como um regime de segurança, embora bastante fraco"[12]. O que torna o protocomplexo da África Ocidental

---

12. Do original "the existence of ECOWAS, [...], would seem to qualify the West African RSC as a security regime, albeit a fairly weak one" (Buzan; Waever, 2003, p. 239).

uma sub-região *sui generis* é a existência simultânea de um regime de segurança que tem um Estado central relativamente estável em relação aos Estados vizinhos, mas que tem, ainda, conflitos domésticos entre grupos étnicos no coração de seu próprio território.

O segundo subcomplexo africano ilustrado pelo Mapa 3.8 é o Chifre da África. Com ainda menor grau de coesão entre os Estados-membros de região quando comparado à África Ocidental e ao Sul da África, o Chifre pode ser entendido como um espaço caracterizado por um padrão sub-regional hobbesiano de interação (Wendt, 1999). Duas guerras interestatais reforçam essa afirmação: a Guerra de Ogaden, entre 1977 e 1978, com confronto direto entre a Somália e a Etiópia; e a Guerra entre Etiópia e Eritreia, entre 1998 e 2000, com confrontos ocorridos no último quartil do século XX, somados às três extensas guerras civis desencadeadas no Sudão, em 1956, entre árabes e não árabes, seguida pela separação entre Eritreia e Etiópia, em 1993 e, no fim do século, o fim do regime ditatorial de Siad Barre na Somália. Esses três atores centrais do Chifre da África formam uma relação de competição e rivalidade quase triangular entre Eritreia e Etiópia, Sudão e Etiópia e Etiópia e Somália e centralizam o padrão de insegurança desse protocomplexo regional.

O último subcomplexo desta seção é o sul-africano. Modelo padrão de organização sub-regional, a África do Sul exerce função de estabilização e figura como uma potência regional no continente. Em especial após o fim do *Apartheid*, o país se reorientou em direção ao resto da África negra e passou a integrar regimes de segurança regionais, como a Comunidade de Desenvolvimento da África Austral (Sadc), em 1994:

> Tudo isso equivale à construção de um regime de segurança bastante ambicioso, com potencial não apenas para ações conjuntas e segurança coletiva contra

ameaças externas ou para a manutenção da paz na África, mas também para a cooperação interna quanto à polícia, aos direitos humanos e à democratização. (Buzan; Waever, 2003, p. 235, tradução nossa)[13]

Apesar de o subcomplexo sul-africano representar um modelo a ser seguido pelos demais Estados do continente, a permanência e o grau de interdependência securitária entre os Estados-membros dessa região dependem da perenidade do modelo de política externa adotado pela África do Sul, o que significa afirmar que o discurso, o orçamento e as ações do Estado central do complexo detêm o potencial de gerar impactos diretos em todo o funcionamento do complexo regional sul-africano. Na medida em que o padrão de organização dessa região deriva da estabilidade de um Estado forte, como é o caso da África do Sul, o aprofundamento e o grau de autonomia regional na relação que os Estados-membros desse espaço estabelecem entre si e com seu entorno dependem do perfil de política pública adotado pela África do Sul.

Os três complexos regionais do continente africano podem ser ilustrados como arranjos de Estados, em distintas etapas, em uma escala evolutiva. Isso ocorre desde protocomplexos – como é o caso mais rarefeito e hobbesiano do Chifre da África, ou mesmo do caso já estabilizado do protocomplexo da África Ocidental – até o modelo padrão de complexo regional sul-africano. A similaridade ocorre de maneira mais direta entre o caso do protocomplexo da África Ocidental, tendo a Nigéria como Estado central, e o caso do complexo sul-africano, tendo a África do Sul como Estado com perfil de potência regional. Fica evidente, portanto, a existência

---

13. Do original "All of this amounted to the construction of a fairly ambitious security regime, with potential not only for joint action and collective security against outside threats or for peacekeeping in Africa, but also for internal cooperation on police, human rights, and democratization" (Buzan; Waever, 2003, p. 235).

de duas condições para a formação de complexos com perfis cooperativos, como é o caso daqueles últimos dois: padrão de interdependência securitária entre as unidades de cada região e regimes internacionais que servem como indicadores dessa condição.

De outro lado, o Chifre da África figura como uma região atrelada a conflitos interestatais, como a Etiópia, a Eritreia e o Sudão, e que ainda assim formam um protocomplexo vinculado a um padrão conflituoso de inter-relação. O que fica evidente nessa última sub-região é como um arranjo securitário deve ser formado, mediante a inversão da relação histórica de conflito para uma relação renovada de cooperação, o que demarcaria a transição para um complexo regional propriamente dito.

Em suma, o continente africano revela um espaço aberto e em formação de seus complexos regionais. O desenvolvimento de seus Estados Nacionais, associado à progressiva alavancagem econômica e, como resultado, à diminuição de problemas sociais, tende a formar um continente com um grau de autonomia e de independência somente visualizado na porção sul-africana da região.

3.4 Supercomplexo asiático

O supercomplexo asiático é dividido em duas regiões: complexo regional sul-asiático e complexo regional integrado entre o nordeste e o sudeste asiático, que foi simplificado como leste asiático após o fim da Guerra Fria. Ao observarmos o Mapa 3.9, três Estados aparecem exercendo funções de isolamento entre os dois complexos regionais: Afeganistão, Mianmar e Mongólia. Esses três "Estados-tampão" definem as fronteiras nas quais o espaço regional estabelece sua coesão interpretativa. Esta, formada pela influência de: 1) potências globais, como China e Japão; 2) Estados detentores de armas nucleares, como Índia, Paquistão, China e Coreia do Norte; 3) Estados na posição de "contenção nuclear suspensa"[14], como Japão, Coreia do Sul e Taiwan; 4) desenho geográfico no qual de um lado Japão e China competem pela hegemonia do leste asiático, enquanto a Índia, blindada pelo cordão montanhoso das Himalaias, rivaliza com o Paquistão na porção sul-asiática.

Mapa 3.9 – Supercomplexo asiático

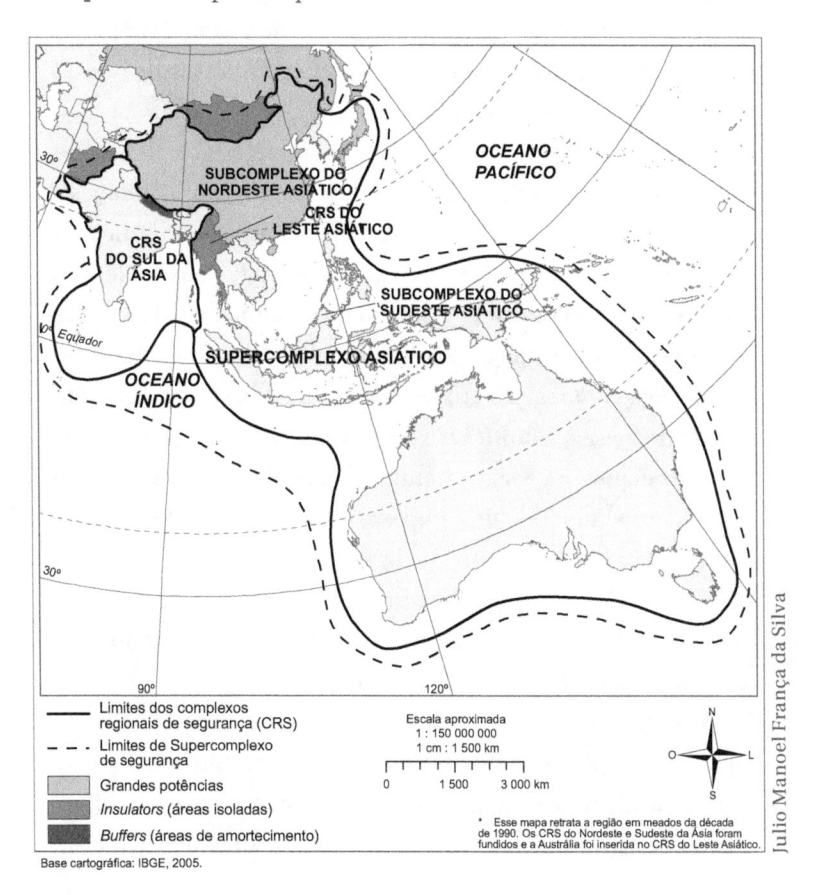

Fonte: Buzan; Waever, 2003, p. 99, tradução nossa.

14. O termo deriva da expressão em inglês *recessed deterrence* (Buzan; Waever, 2003, p. 96).

Em termos históricos, o fim da Guerra Fria deixou impactos distintos nessas duas porções do supercomplexo asiático. De fato, antes do fim da rivalidade e da influência global entre os Estados Unidos da América (EUA) e a então União das Repúblicas Socialistas Soviéticas (URSS) na Ásia, era impossível afirmar a existência de apenas dois complexos regionais. Enquanto o sul da Ásia permaneceu estruturalmente inalterado no pós-guerra, o sudeste asiático se tornou integrado mediante a adesão de Vietnã (1995), Laos (1997), Mianmar (1997) e Camboja (1999) à Associação de Nações do Sudeste Asiático (Asean)[15].

Até a metade da década de 1970, a organização era formada pelos Estados de Tailândia, Filipinas, Malásia, Singapura, Indonésia e Brunei. Isso demonstrava uma divisão herdada do funcionamento da Guerra Fria, entre um grupo alinhado aos soviéticos, de orientação comunista e liderado regionalmente pelos vietnamitas *versus* um grupo anticomunista alinhado aos EUA, simbolizada pela composição original da Asean. A derrota norte-americana no Vietnã, a unificação do país em 1975 e o ingresso, duas décadas depois, na Asean criaram um ambiente de aproximação e de maior autonomia do complexo em relação à influência ocidental. O impacto regional da derrota ocidental no Vietnã, portanto, permitiu a formação de um complexo progressivamente mais próximo entre si e, em especial, interdependente do leste da Ásia (Buzan; Waever, 2003, p. 134).

É interessante observarmos na regionalização estabelecida pelo subcomplexo do sudeste asiático a forma como a Oceania está incluída nesse espaço. A rigor, Austrália, Nova Zelândia e Papua-Nova Guiné não fazem parte da Asean nem são países

---

15. Formada em 1967 pela Declaração de Bangkok. Para mais informações: ASEAN – Association of Southeast Asian Nations. 2018. Disponível em: <http://asean.org>. Acesso em: 29 out. 2018.

com heranças históricas que os direcionam para o leste asiático, de modo que ambos os fatos teriam aparente força para excluir o continente desse espaço. Entretanto, a distância operacional entre os antigos colonizadores, associada à proximidade territorial com o sudeste Asiático deixam a Oceania em uma posição de isolamento. Para a escola de Copenhague, essa região não é estruturada, em termos de segurança: "Os Estados do Pacífico Sul desenvolvem alguns fóruns regionais informais, mas a distância e a água permitiram a essa parte do mundo manter-se não estruturada em termos de segurança regional" (Buzan; Waever, 2003, p. 13, tradução nossa)[16]. Como consequência e sobretudo pela ênfase atribuída ao critério geográfico dessa teoria, a Oceania é incluída no complexo do leste asiático.

Ao contrário do sudeste asiático, o fim da Guerra Fria teve pouco impacto no nordeste asiático e no sul da Ásia. As três principais tensões dessa região permanecem atuais: 1) a herança de relações problemáticas entre Japão e vizinhos; 2) a relação competitiva entre a China continental e Taiwan; 3) a crescente rivalidade entre a Coreia do Norte e a Coreia do Sul.

Das três razões, a rivalidade entre as Coreias se destaca como o principal caso de estudo e de insegurança em todo o supercomplexo regional asiático. Em termos históricos, essa divisão representa um legado da forma bipolar do mundo ao longo da Guerra Fria. Os países ainda não estão formalmente em situação de guerra declarada. O escalonamento desse conflito, que permaneceu estável desde o fim da guerra entre as Coreias, na década de 1950, foi o relatório elaborado pela Agência Internacional de Energia Atômica (Aiea), seguido da retirada da Coreia do Norte

---

16. Do original "The South pacific states did develop some loose regional forums, but distance and water enabled this part of the world to remain unstructured in regional security terms" (Buzan; Waever, 2003, p. 136).

do Tratado de Não Proliferação Nuclear (TNP). O núcleo do conflito tem distintas camadas, mas todas estão atreladas ao programa nuclear norte-coreano.

Dois recentes relatórios, publicados pelo Departamento de Defesa Norte-Americano (USA, 2015) e pelo Ministério da Defesa Sul-Coreano (Republic of Korea, 2016), analisaram as capacidades militares adquiridas pela Coreia do Norte tanto em termos convencionais quanto em termos atômicos. O que se destaca é a capacidade adquirida, ao longo dos anos 2000, de lançamento de um artefato nuclear em direção a alvos delimitados e de longo alcance, mediante tipos de mísseis, conforme demonstra a Figura 3.1.

Figura 3.1 – Alcance dos mísseis norte-coreanos

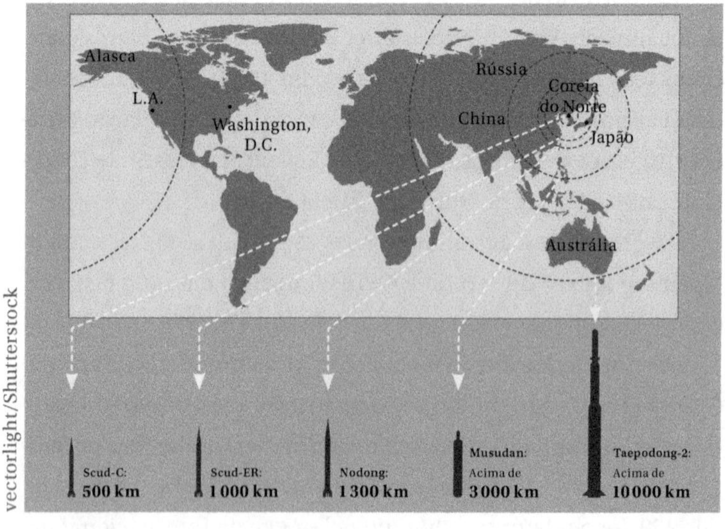
Alasca
L.A.
Washington, D.C.
Rússia
China
Coreia do Norte
Japão
Austrália
Scud-C: 500 km
Scud-ER: 1 000 km
Nodong: 1 300 km
Musudan: Acima de 3 000 km
Taepodong-2: Acima de 10 000 km
vectorlight/Shutterstock

Fonte: Republic of Korea, 2016, tradução nossa.

A Figura 3.1 demonstra o suposto alcance dos mísseis balísticos quando lançados das bases espalhadas pelo território norte-coreano. É possível notarmos que o território norte-americano já se encontra dentro do alcance dos mísseis Taepodong-2. Isso ocorre tanto em termos de capacidade de lançamento e em relação ao potencial de destruição dos artefatos nucleares em estoque quanto ao acesso e ao enriquecimento de urânio. O relatório de 2016 do Departamento de Defesa Norte-Americano confirmou testes nucleares realizados em 2006, 2009, 2013, 2016, com progressivos aumentos no volume de *kilotons* usados.

O programa nuclear norte-coreano provoca não apenas reações da política externa e de defesa norte-americanas mas também contribui para despertar uma posição do Estado japonês, menos dependente do guarda-chuva defensivo ocidental. O termo *contenção nuclear suspensa* indica o estado latente no qual o Japão se encontra, mas que deve ser alterado devido à transição do perfil diplomático e militar adotado pela Coreia do Norte desde a posse do ditador Kim Jong-un, sucessor e filho de Kim Jong-il. Quando observamos a estrutura decisória do Estado norte-coreano, notamos a importância desse novo ator político, interferindo e construindo uma relação de maior beligerância e de insegurança no complexo regional do leste da Ásia[17].

Por fim, há o complexo do sul da Ásia, isolado das tensões latentes entre Japão, China e Coreias, assim como da estabilidade desenvolvida pela Asean no subcomplexo do sudeste asiático. Índia e Paquistão formam uma rivalidade já consolidada entre

---

17. Para mais informações, consultar USA (2015).

dois Estados nuclearizados. O que ocorre é o potencial de desenvolvimento indiano e a capacidade desse Estado em se projetar como uma potência global sem que o Paquistão consiga contrabalancear esse crescimento com uma coalizão sul-asiática em resposta. Pelo contrário, a Índia tende a aproximar tanto a influência norte-americana quanto a russa devido a seu regime liberal e a seu passado de cooperação com este último Estado. O próprio mapa de capacidades nacionais, descrito no Capítulo 2, descreve os principais atores-jogadores da região.

3.5 Complexos norte-americano e sul-americano

O continente americano é formado por dois complexos regionais separados pela porção sul, do Estado do Panamá, divisa com a Colômbia. O complexo norte-americano, situado na porção norte do continente, tem um único subcomplexo formado pela América Central. De forma análoga, o complexo sul-americano tem dois subcomplexos: o do Cone Sul e o andino.

Mapa 3.10 – Complexos regionais americanos

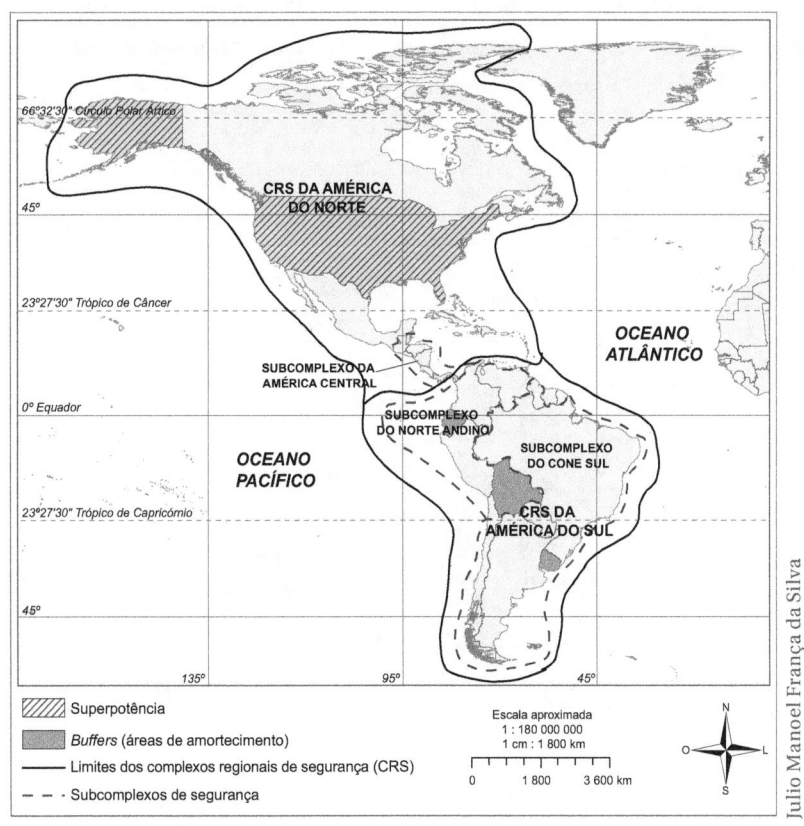

Fonte: Buzan; Waever, 2003, p. 266, tradução nossa.

A legenda expressa no Mapa 3.10 indica, desde os traços que separam os complexos regionais e os subcomplexos até os Estados *buffers* e o Estado superpotência, os EUA. Por *buffers* podemos entender os Estados como espaços com a função de amortecer o atrito entre Estados rivais. No caso da América do Sul, os Estados do Uruguai, do Paraguai, da Bolívia e do Equador, ao longo do século XIX e início do XX, serviram para estabilizar o dilema de segurança regional. O caso do Uruguai na América do Sul é o exemplo dessa função histórica. O Mapa 3.11 relaciona a data e o local das guerras travadas no continente.

Mapa 3.11 – Guerras e disputas territoriais na América do Sul

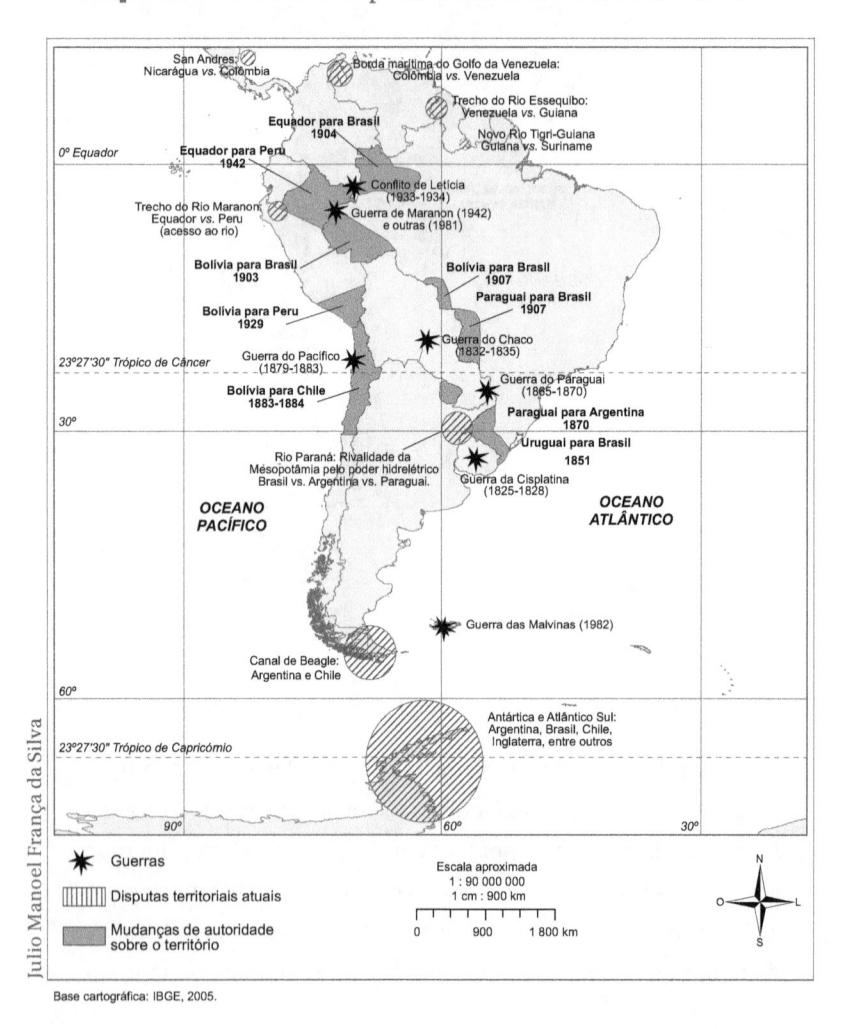

[Mapa da América do Sul com a localização de guerras e disputas territoriais:

- San Andres: Nicarágua vs. Colômbia
- Borda marítima do Golfo da Venezuela: Colômbia vs. Venezuela
- Equador para Brasil 1904
- Trecho do Rio Essequibo: Venezuela vs. Guiana
- Equador para Peru 1942
- Novo Rio Tigri-Guiana Guiana vs. Suriname
- Conflito de Letícia (1933-1934)
- Trecho do Rio Maranon: Equador vs. Peru (acesso ao rio)
- Guerra de Maranon (1942) e outras (1981)
- Bolívia para Brasil 1903
- Bolívia para Brasil 1907
- Paraguai para Brasil 1907
- Bolívia para Peru 1929
- Guerra do Chaco (1832-1835)
- Guerra do Pacífico (1879-1883)
- Guerra do Paraguai (1865-1870)
- Bolívia para Chile 1883-1884
- Paraguai para Argentina 1870
- Rio Paraná: Rivalidade da Mesopotâmia pelo poder hidrelétrico Brasil vs. Argentina vs. Paraguai
- Uruguai para Brasil 1851
- Guerra da Cisplatina (1825-1828)
- Guerra das Malvinas (1982)
- Canal de Beagle: Argentina e Chile
- Antártica e Atlântico Sul: Argentina, Brasil, Chile, Inglaterra, entre outros

Legenda:
- Guerras
- Disputas territoriais atuais
- Mudanças de autoridade sobre o território

Escala aproximada 1 : 90 000 000, 1 cm : 900 km

Base cartográfica: IBGE, 2005.

Julio Manoel França da Silva]

Fonte: Buzan; Waever, 2003, p. 306, tradução nossa.

Ao observarmos a estrutura do complexo de segurança sul-americano, os Estados *buffer* desaparecem a partir da metade do século XX, cedendo lugar para um continente estável em relação a conflitos militares clássicos. O caso que simboliza e exporta esse perfil de relação internacional pautado na negociação é a evolução da relação entre Brasil e Argentina, os dois maiores países do continente. Ambos formam o subcomplexo do Cone Sul e o desenvolvimento da relação bilateral se divide em cinco períodos que retratam a progressiva formação de um padrão de interdependência securitária entre os países: 1) instabilidade estrutural (1810-1898); 2) instabilidade conjuntural e busca por cooperação (1898-1961); 3) instabilidade conjuntural com rivalidade (1962-1979); 4) construção da estabilidade por cooperação (1979-1987); 5) estabilidade estrutural por integração (Candeas, 2005, p. 3). De maneira resumida, a periodização proposta por Candeas (2005) inicia como um período estruturalmente conflituoso a partir da independência e termina com uma condição oposta, marcada pela estabilidade e por um projeto de integração regional: o Mercosul.

Em grande medida, o espaço sul-americano apresenta uma condição de estabilidade geral, com regimes internacionais estabelecidos e ausência de nuclearização. No caso de Brasil e Argentina, a Agência Brasileiro-Argentina de Contabilidade e Controle de Materiais Nucleares (Abacc) representa uma organização regional de inspeção conjunta, voltada para demonstrar a confiabilidade das usinas de produção de energia nuclear. A própria Abacc, como regime regional de inspeção, passou a formar, em conjunto com a Agência Internacional de Energia Atômica (Aiea), o acordo quadripartite, em 1991. Os quatro sujeitos desse acordo, Brasil, Argentina, Abacc e Aiea, firmaram o seguinte compromisso, estabelecido no art. 1º do tratado:

> Os Estados-Partes comprometem-se, em conformidade com os termos do presente Acordo, a aceitar a aplicação de salvaguardas a todos os materiais nucleares em todas as atividades nucleares realizadas dentro de seu território, sob sua jurisdição ou sob seu controle em qualquer lugar, com o objetivo único de assegurar que tais materiais não sejam desviados para aplicação em armas nucleares ou outros dispositivos nucleares explosivos. (ABACC, 1991)

A "anomalia sub-conflituosa" (Buzan; Waever, 2003, p. 304) designada para a América do Sul demonstra o padrão pacífico de relação encontrado no complexo sul-americano, influenciado em termos estruturais tanto pelo Mercosul quanto pela Abacc. A expansão dessa formação securitária tem no recente ingresso da Venezuela ao Mercosul, um fato que contribui para uma possível expansão do subcomplexo do Cone Sul. A maneira pela qual o país passou a fazer parte da organização, em 2012, em um momento em que o Paraguai se encontrava suspenso do bloco, revela a intenção de Brasil, Argentina e Uruguai em expandir o espaço de integração, o que significa, em longo prazo, um maior grau de interdependência securitária. Como consequência, o desenho proposto por Buzan e Waever (2003) pode ser atualizado, o que impede, ainda, a afirmação categórica da existência de um espaço ampliado do subcomplexo deriva da instabilidade do regime político venezuelano, progressivamente mais isolado, em torno dos resquícios do regime chavista liderado pelo presidente Nicolás Maduro.

Um segundo fato que contribui para a reafirmação de uma divisão do complexo sul-americano em duas partes – atlântica (com a Venezuela) e andina – deriva do perfil e do grau de penetração norte-americanos nesse subcomplexo. A influência do narcotráfico internacional representa uma situação indicativa da maneira como o complexo andino aceita o envolvimento dos EUA na porção sul do continente. O Plano Colômbia, criado nos anos 2000 com financiamento e colaboração militar direta dos EUA, assim como o perfil de relação bilateral estabelecido por Colômbia e EUA, evidenciam uma orientação oposta ao processo de integração endógeno do Cone Sul.

A América Central, desde a criação do canal do Panamá, projeto finalizado pelos EUA em 1914 e que tinha influência das ideias de Alfred Thayer Mahan, um oficial da Marinha Norte-Americana, tinha a necessidade de controle militar desse espaço. A conexão entre o Oceano Pacífico e o Atlântico, como um pressuposto para o desenvolvimento do poder marítimo dos EUA, foi uma das ações que demarcaram a presença da potência global e progressivamente transformou a América Central em um subcomplexo do norte. O Mapa 3.12 mostra os três pontos que Mahan designava para a formação de uma estratégia de segurança na América Central, controlada pelas bases norte-americanas.

Mapa 3.12 – Triângulo de controle militar norte-americano

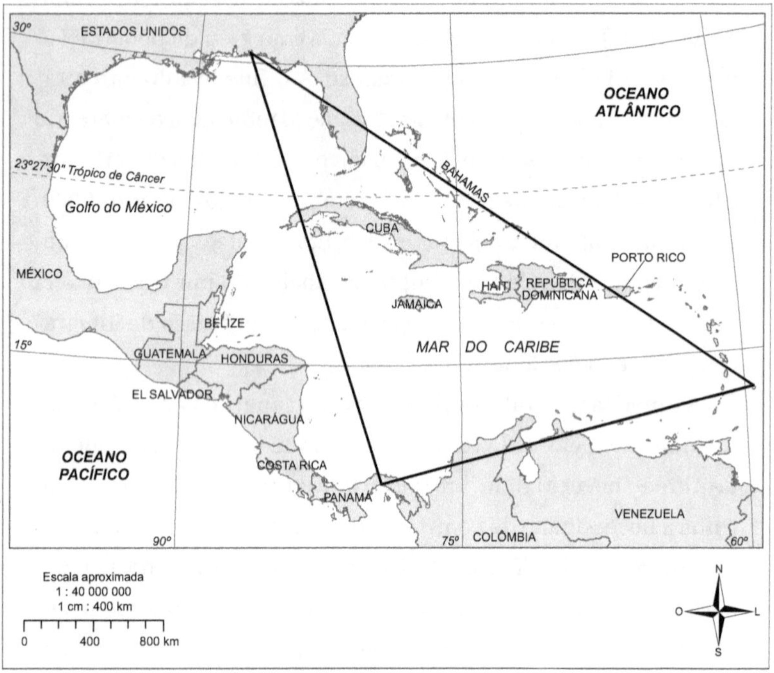

Julio Manoel França da Silva

Base cartográfica: IBGE, 2005.

Fonte: Almeida, 2010, p. 159.

O continente americano é divido por dois grandes complexos regionais; os EUA detêm uma centralidade desproporcional na porção norte do continente e um conjunto de países está agrupado na porção sul, com regimes internacionais e um padrão de relação bilateral estável entre os dois atores regionais de maior impacto, Brasil e Argentina. A criação da União de Nações Sul-Americanas (Unasul), em 2005, representa um indicativo do potencial de coesão entre os países do complexo regional sul-americano. Entretanto, a consolidada sub-região da América Central e as tentativas de penetração dos EUA em direção à porção sul do continente, mediante acordos que acabaram não ocorrendo, como a Área de Livre Comércio das Américas (1994) e o Tratado Transpacífico (2017), negociado pelo governo Barack Obama, mas ignorado pelo governo Donald Trump, representam o risco permanente de submissão do complexo sul-americano.

Enfim, podemos observar um jogo inter-regional entre a porção norte e a porção sul do continente do ponto de vista da costura de acordos comerciais. Entretanto, dos pontos de vista militar e de segurança, o continente é um espaço estável e desnuclearizado na porção centro-sul, ainda que dentro de um espaço de manobra norte-americano.

Síntese

Neste capítulo procuramos descrever os complexos regionais de segurança internacional, cujo conjunto organiza o espaço geográfico global em regiões específicas. Cada uma delas pode ser entendida como uma unidade de análise geográfica, o que significa a existência de um grau de autonomia em relação ao restante do sistema. A segurança, a sobrevivência e a interdependência entre as unidades de cada uma das regiões formam as bases pelas quais o espaço compartilhado por elas foi descrito e organizado – na forma de supercomplexos, complexos ou subcomplexos, nota-se um grau de interação e de vulnerabilidade entre as unidades quando observadas de maneira aglomerada.

O conjunto de mapas que encerra e em certa medida sintetiza a regionalização proposta, apresentou como imagem-síntese da elaboração teórica desenvolvida em cada item desta primeira parte geral da obra. Os três capítulos iniciais, ainda que possam ser entendidos de modo independente, formam um conjunto e culminam com a apresentação de cada complexo, tal como realizado neste capítulo. Por fim, a intenção é que você identifique essa proposição como uma introdução ao estudo de cada região geográfica, aqui descrita de maneira sumária e indicativa.

Indicações culturais

HBO. **Cold War 2.0**. Disponível em: <https://www.hbo.com/vice/season-03/14-cold-war-2-0/synopsis>. Acesso em: 18 mar. 2018.

Cold War 2.0, produzido pela Vice (HBO, terceira temporada, episódio 14), apresenta a Crise da Ucrânia e sua relação com a rivalidade entre EUA e Rússia na Europa do pós-Guerra Fria. Por meio de entrevistas com representantes dos EUA e da Rússia, tais como o ex-presidente Barack Obama, e ao considerar situações como o fim da Guerra Fria e a rivalidade entre Otan e Rússia, o documentário permite traçar um paralelo entre a situação da Ucrânia e a tensa interação entre os principais atores do supercomplexo europeu de segurança. É possível relacionar o processo de desintegração da URSS, o fim da Guerra Fria, a adesão de países do ex-bloco soviético à Otan e as tensões entre a Rússia e a Ucrânia/Otan com os padrões de interação e a formação de dois complexos de segurança na Europa, aspectos presentes em Buzan e Waever (2003).

Atividades de autoavaliação

1. De acordo com Buzan e Waever (2003, p. 221, tradução nossa), o "padrão de descolonização na África assemelhou-se ao do Oriente Médio quanto a ser um tanto prolongado, e por apresentar duas ondas: a mais larga, do final dos anos 1950 a meados dos anos 1960, e a menor, durante meados da década

de 1970"[18]. Por meio da análise dos complexos regionais da África e do Oriente Médio, cujos processos de independência apresentaram algumas similaridades, indique se as seguintes afirmativas são verdadeiras (V) ou falsas (F):

( ) De certa maneira, o grau de autonomia do Oriente Médio, no nível global de análise, decorre do padrão de interdependência securitária formado por dois, e apenas dois, Estados-chave: Israel e Irã.

( ) No subcomplexo do Levante, o conflito entre israelenses e palestinos reflete e envolve uma dimensão conflituosa maior, entre Israel e o mundo árabe. Essa dimensão inclui atores não estatais, a exemplo do Hamas e do Hezbollah.

( ) No sub-complexo sul-africano, a África do Sul cumpre um papel de potência regional e estabilizadora, integrando regimes como a Comunidade de Desenvolvimento da África Austral.

( ) Há, no subcomplexo do Chifre da África, uma predominância da Nigéria como detentora de maior força relativa em relação aos Estados.

( ) De certa maneira, o relativo grau de autonomia do Oriente Médio, no nível global de análise, tem como causa o padrão de interdependência securitária formado entre seis Estados: Argélia e Líbia; Egito e Israel; Arábia Saudita e Irã.

( ) Com um padrão sub-regional hobbesiano (Wendt, 1999), o subcomplexo do Chifre da África tem um padrão de insegurança entre Estados-chave, formado da seguinte forma: Etiópia e Somália; Eritreia e Etiópia; Sudão e Etiópia.

---

18. Do original "The pattern of decolonisation in Africa resembled that of the Middle East in being quite protracted, and having two clear waves: the larger one from the late 1950s to the mid-1960s, and the smaller one during the mid-1970s" (Buzan; Waever, 2003, p. 221).

Assinale a alternativa que corresponde à sequência correta:
a) F, V, V, V, V, V.
b) F, V, V, F, V, V.
c) V, V, V, V, V, V.
d) V, F, V, F, V, F.
e) V, V, V, F, F, V.

2. "O Oriente Médio é um local no qual um nível regional autônomo de segurança tem operado fortemente por várias décadas, apesar de fortes e contínuas imposições do nível global. Seu CRS é um exemplo claro de uma formação conflituosa" (Buzan; Waever, 2003, p. 187, tradução nossa)[19]. Com base na citação, podemos afirmar que, no complexo regional do Oriente Médio, duas rivalidades principais ocorrem nos subcomplexos do Golfo e do Levante:
   a) Israel *versus* Irã no subcomplexo do Golfo; Arábia Saudita *versus* Palestina no subcomplexo do Levante.
   b) Arábia Saudita *versus* Irã no subcomplexo do Levante; Israel *versus* Palestina no subcomplexo do Golfo.
   c) Irã *versus* Arábia Saudita no subcomplexo do Golfo; Israel *versus* Palestina no subcomplexo do Levante.
   d) Israel *versus* Arábia Saudita no subcomplexo do Golfo; Irã *versus* Palestina, no subcomplexo do Levante.
   e) Irã *versus* Palestina no subcomplexo do Golfo; Israel *versus* Arábia Saudita, no complexo do levante.

3. De acordo com Buzan e Waever (2003, p. 343), "após o fim da Guerra Fria, a Europa oscilou entre uma formação com um, dois ou três complexos. [...], e a Europa, agora, consiste de

---

19. Do original "The Middle East is a place where an autonomous regional level of security has operated strongly for several decades, despite continuous and heavy impositions from the global level. Its RSC is a clear example of a conflict formation" (Buzan; Waever, 2003, p. 187).

dois CRS centrados, os quais têm restringido decisivamente sua tradicional balança de poder e fricção"[20]. Tendo como base a citação, indique se as afirmativas a seguir são verdadeiras (V) ou falsas:

( ) O supercomplexo europeu é formado pelos complexos da Europa Ocidental e do espaço pós-soviético.

( ) A União Europeia e a Europa Ocidental formam uma comunidade de segurança baseada na integração pós-Segunda Guerra Mundial.

( ) A inclusão dos países considerados periféricos ao bloco europeu contribuiu para a crise da União Europeia, tendo o Brexit como o indicador da tensão.

( ) As ameaças à vida cotidiana na União Europeia tem ampliado os recentes dilemas da segurança europeia.

( ) Um desafio à União Europeia tem sido lidar com a insatisfação quanto à relação entre migração, livre circulação de pessoas e segurança.

( ) Para Buzan e Waever (2003), a lógica de regionalização da União Europeia representa círculos concêntricos de expansão territorial ligados ao núcleo gravitacional da Europa Ocidental.

Indique qual alternativa corresponde à sequência correta:
a) V, V, V, V, V, V.
b) V, F, V, F, V, F.
c) F, F, V, F, F, V.
d) F, V, V, V, V, F.
e) F, F, F, F, F, F.

---

20. Do original "After the end of the Cold War, Europe has wavered between a formation as one, two, or three complexes. [...], and Europe now consists of two centred RSCs which have decisively curbed its traditional power balancing and friction" (Buzan; Waever, 2003, p. 343).

4. De acordo com Buzan e Waever (2003, p. 174, tradução nossa), o "CRS do Leste da Ásia, e, também, o supercomplexo asiático, poderiam, facilmente, tornar-se uma formação conflituosa. A História deixou numerosas disputas territoriais, rivalidades de status, temores e ódios entre os Estados sucessores e seus povos"[21]. Com base nessa citação, podemos afirmar que no supercomplexo asiático o principal fator de insegurança contemporâneo é:
   a) o histórico protagonismo japonês na região.
   b) a rivalidade entre a Asean e os Estados Unidos.
   c) a rivalidade entre a Coreia do Norte e a Coreia do Sul.
   d) a ascensão econômica da China.
   e) a rivalidade entre China e Alemanha.

5. No que diz respeito ao CRS pós-soviético, Buzan e Waever (2003, p. 398, tradução nossa) explicam que, "apesar da centralização da região, ela também é – inusitadamente – uma formação conflituosa. Isto é menos surpreendente quando o fim da União Soviética é visto como descolonização, repentinamente produzindo inteiras comunidades de recentes Estados independentes"[22]. Com base nesse argumento, indique se as afirmativas a seguir são verdadeiras (V) ou falsas (F):
   ( ) No CRS pós-soviético, a Rússia ocupa uma posição central e assimétrica em relação aos vizinhos.

---

21. Do original "The East Asian RSC, and therefore the Asian supercomplex, could easily become a conflict formation. History has left numerous territorial disputes, status rivalries, fears, and hatreds among the successor states and their peoples" (Buzan; Waever, 2003, p. 174).

22. Do original "Despite the centredness of the region, it is - unusually - also a conflict formation. This is less surprising when the end of the Soviet Union is seen as decolonisation suddenly producing whole neighbourhoods of newly independent states" (Buzan; Waever, 2003, p 398).

( ) O espaço pós-soviético tem duas, e apenas duas, sub-regiões: Estados do Báltico e Estados ocidentais.
( ) A Bielorrússia tem um papel vital para os planos militares de defesa russos.
( ) Assim como a Bielorrússia, a Ucrânia tem se distanciado da Otan e da UE no intuito de melhorar suas relações com Moscou.
( ) Entre outros, o CRS pós-soviético tem os subcomplexos caucasiano e centro-asiático.
( ) O CRS pós-soviético não tem sido impactado pelas políticas da União Europeia, pois está sob influência exclusiva do Estado russo.

Assinale a alternativa que corresponde corretamente à sequência obtida:
a) V, V, V, F, F, F.
b) F, V, V, V, F, V.
c) V, F, V, V, V, V.
d) V, F, V, F, V, F.
e) V, V, V, V, V, V.

Atividades de aprendizagem

Questões para reflexão

1. De acordo com Buzan e Waever (2003), no subcomplexo do Levante as interações não ocorrem apenas entre Estados árabes e o Estado de Israel, mas também entre eles e atores não estatais, como o Hezbollah e a Organização para a Libertação da Palestina (OLP). De que maneira ocorre a interação do mundo árabe com Israel? Como isso se reflete nas dinâmicas de segurança do Oriente Médio?

2. O continente africano é um exemplo da ocorrência de protocomplexos regionais, conforme mostram Buzan e Waever (2003). Explique o conceito de protocomplexo regional e dê um exemplo:

Atividade aplicada: prática

1. Pesquise o histórico de conflitos em dois subcomplexos escolhidos por você. Compare e contraste o que descobrir com os padrões de interações contemporâneos nessas regiões.

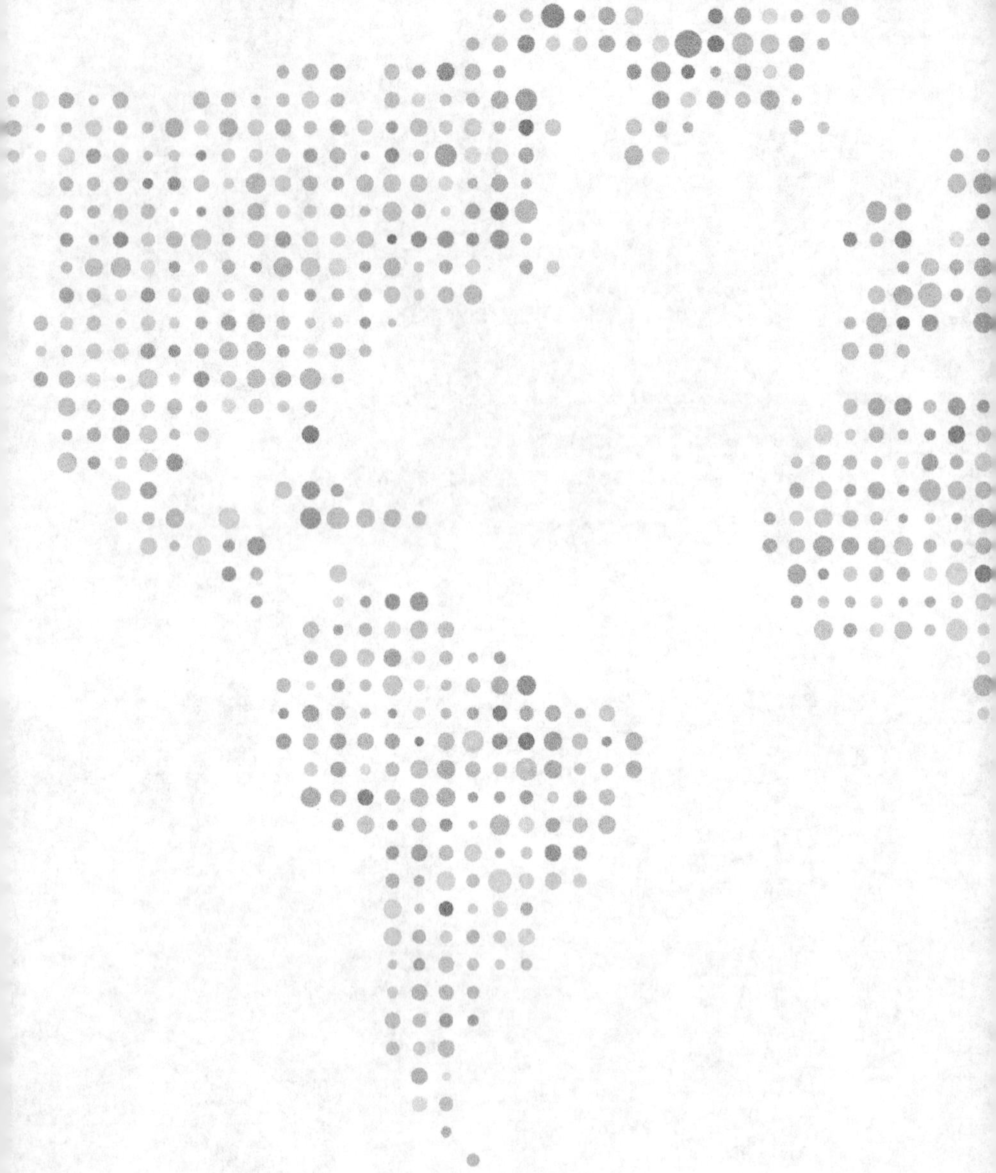

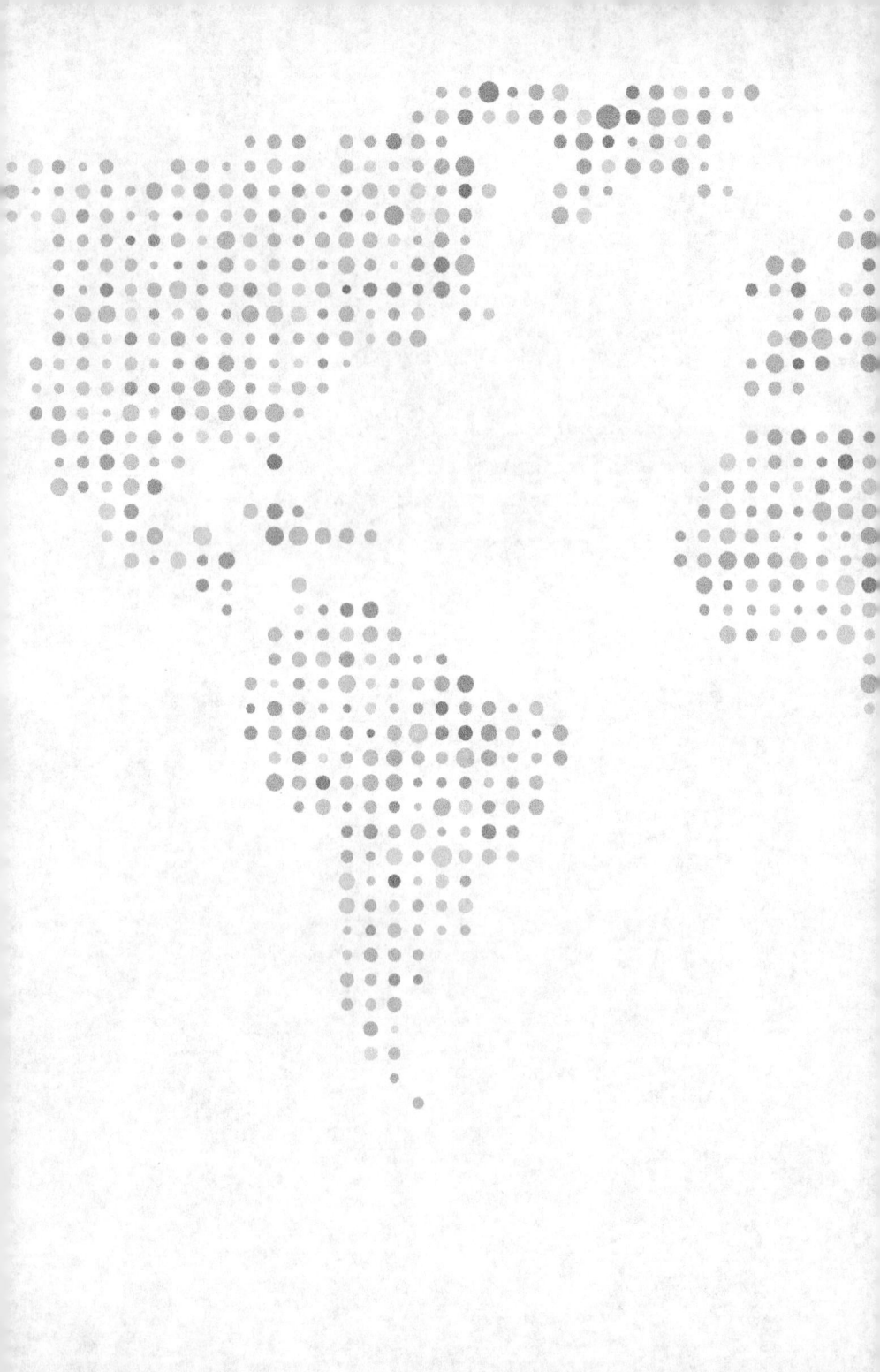

4

Espaço geográfico global: espaços oceânicos

Este capítulo traz uma discussão e um resgate epistemológico sobre o campo de conhecimento da Geografia Marinha, especificamente da Geopolítica e da Geografia Humana, que abordam o espaço geográfico dos oceanos e dos mares, apresentando uma breve perspectiva sobre a constituição do mar e dos oceanos como um espaço internacional compartilhado de gestão, bem como suas construções sociais relacionadas aos padrões de uso, de ocupação e de projeção de poder sobre cerca de 70% da superfície terrestre.

A origem das informações deriva de pesquisa bibliográfica sobre os principais trabalhos e publicações seminais sobre o assunto, geralmente vinculados à Geografia e a outras ciências do mar, tais como Oceanografia, Relações Internacionais e Geologia Marinha. Alguns conteúdos gráficos serão apresentados a fim de auxiliar o entendimento da problemática espacial do tema e da aplicação das normativas da Convenção das Nações Unidas sobre o Direito do Mar (CNUDM).

4.1 Perspectivas da Geografia Política no estudo dos mares e dos oceanos

O acesso gratuito e a disponibilidade de recursos e serviços marinhos, como pesca e lazer, em conjunto com o desenvolvimento civilizatório da humanidade, colocaram pressões sobre os ecossistemas oceânicos que vão desde a sobrepesca ou pesca predatória e a extração de recursos minerais até acidentes e desastres ecológicos. A cooperação internacional, a pesquisa científica e as negociações são fundamentais para proteger o oceano e usar os recursos marinhos de modo que as necessidades das gerações futuras sejam atendidas (Visbeck et al., 2013). A complexidade de todas essas questões, postas como desafios para a atuação dos geógrafos, é um ambiente propício para aprofundar práticas e desenvolver novas teorias acerca do espaço geográfico global.

O mar é um espaço sobre o qual o controle político é frequentemente contestado devido a seus recursos minerais e biológicos, como petróleo e pesca. Além disso, é um espaço com narrativa histórica distinta sobre sua governança quando comparado às terras emersas (Steinberg, 1999). Os geógrafos que trabalham nessa área têm como preocupação central as fronteiras, os limites e os territórios marinhos e exploram cientificamente o controle geopolítico e a governança sobre os oceanos por meio de estudos sobre o zoneamento do espaço oceânico, a cultura e as políticas sobre as atividades sobre e sob o oceano, principalmente os espaços territoriais e extraterritoriais para o chamado *Direito do Mar*.

Um dos primeiros esforços teóricos em sistematizar a abordagem da Geografia Política Marinha foi a de Prescott (1975), com questões contemporâneas associadas ao particionamento do espaço marinho. O autor evidenciava a importância de considerar as variações nas características dos Estados e da natureza das regiões oceânicas e a influência destas sobre os usos dos mares, ressaltando que as consequências geográficas eram a principal causa de reivindicações de exclusividade nos usos de certas áreas e de certos limites das áreas marinhas pelos Estados, especialmente fronteiras e zonas *offshore*[1].

---

1. Região de Mar Aberto, com influência predominantemente marinha e baixa influência continental.

Os interesses nas jurisdições e nos usos do mar aumentaram nas últimas décadas, principalmente após a Segunda Guerra Mundial, em razão do avanço tecnológico e à ampliação de novas fronteiras de exploração, quando advogados, oceanógrafos e cientistas políticos produziram análises abrangentes de problemas oceânicos nas perspectivas de suas próprias áreas de atuação (Miller, 2013). A partir da década de 1970, os geógrafos começaram a voltar suas análises para a mesma área, tratando das questões jurisdicionais do oceano (Vallega, 1999).

Da Pozzo (1987) destaca o início da exploração e da extração de hidrocarbonetos e das descobertas minerais na plataforma continental marinha a partir dos anos 1960. A questão dos hidrocarbonetos deflagrou grande evolução tecnológica e os limites de profundidade para a exploração de petróleo *offshore* foram quebrados. Cabe citarmos que, na década de 1970, já havia poços de exploração a 1,5 mil metros de profundidade; atualmente, esse limite está em cerca de 3 mil metros de profundidade na região *offshore* (Goodley, 2013). Além disso, Da Pozzo (1987) exalta a antecipação do setor militar e estratégico nas questões oceânicas e marinhas, uma vez que, na década de 1970, as despesas navais já eram predominantes nos orçamentos militares dos Estados Unidos da América (EUA) e da União das Repúblicas Socialistas Soviéticas (URSS). House (1984) faz uma interessante análise ao abordar o contraste entre essas duas potências por meio de um modelo sistêmico sobre as inter-relações de poder no mar como instrumento de política e como elas influenciaram as propostas nas zonas de pacificação na região do Oceano Índico.

O cenário exemplificado demonstrava uma revolução nas relações entre homem e mar, exigindo um esforço de geógrafos marinhos para buscar uma compreensão das crescentes necessidades dos recursos oceânicos e novos padrões de gerenciamento costeiro e oceânico. Essa mudança acompanhou a transição da sociedade moderna para a pós-moderna, condicionando mudanças nas abordagens científicas que marcaram a epistemologia, as origens e os métodos lógicos das disciplinas, seja nas áreas de oceano profundo, seja nas zonas costeiras, seja nas regiões litorâneas (Vallega, 1999).

Geralmente, quando pensamos o espaço geográfico, latitudes e longitudes surgem de maneira quase natural – em algumas ocasiões, a altitude também aparece –, mas dificilmente pensamos em volume ou profundidade. Esses exemplos chamam atenção para o tamanho do espaço oceânico, os movimentos fluídos das correntes, das marés e das ondas que complicam a detecção de limites e a vigilância do espaço marinho (Peters; Steinberg, 2014).

Elden (2013) faz uma crítica aos entendimentos geopolíticos atuais do território, que são limitados pelo domínio de discursos "planos" que constituem o espaço como área, com um viés superficial. Mapas e cartogramas são o exemplo principal nos quais o espaço é representado como uma superfície que não contabiliza o volume do mundo ou as maneiras como o poder funciona sob, sobre e por meio do espaço. Alturas e profundidades abrem novas dimensões do espaço, que são utilizadas para dividir ou representar o mundo. No entanto, para o autor, adicionar um elemento vertical não é suficiente, pois a noção de volume abrange forças e padrões de "alcance, instabilidade, resistência, inclinação, profundidade e matéria ao lado do 'simples' vertical" (Elden, 2013, p. 45).

A dimensão dos volumes também é uma perspectiva de movimento, pois o oceano é, ao mesmo tempo, plano-horizontal, deslocando-se lateralmente, e vertical, movendo-se para cima e para baixo, subindo com altura e profundidade. O mar é um espaço que une movimentos, trazendo atenção para volumes não reconhecidos no "hidroespaço" (Peters; Steinberg, 2014). Entretanto, um dos exemplos mais triviais é o conceito de fronteira, linear e física, que se adapta à terra, mas que no mar é inadequado tanto em termos de referências seguras e visíveis quanto em termos de adaptabilidade.

Uma evidência dessa dificuldade são as fronteiras dos países na região do Mar Ártico, em que se verifica um espaço para repensar os processos geopolíticos, pois, nessa região, onde a terra se torna mar e o mar se transforma em terra por meio de processos de formação e de do gelo circumpolar, novos territórios são perpetuamente formados e dissolvidos, criando questões a respeito da propriedade, do controle político e dos direitos sobre recursos marinhos (Gerhardt et al., 2010). A implicação dessa variabilidade de fronteiras é que os oceanos estão fora da "posse" do Estado, uma implicação que agora está longe de ser "válida", à medida que os Estados procuram ampliar suas fronteiras em proporções crescentes nos oceanos de todo o Planeta em busca de reservas minerais.

A partir de uma perspectiva relacionada, Gordillo (2014) atende à sensibilidade geopolítica que emerge da volumosa profundidade dos mares e dos oceanos, observando que o avanço tecnológico dos submarinos "penetrou" a superfície dos oceanos e marcou um avanço fundamental na territorialidade projetiva do espaço oceânico. Esse espaço agora pode ser ocupado, aproveitado e utilizado por diferentes atores "em qualquer direção", dentro de uma tridimensionalidade única e específica. Essas dimensões volumétricas para o mar em forma líquida criam distintas oportunidades e desafios para a projeção de poder sobre o espaço aquático.

Lambert, Martins e Ogborn (2006) usam o mar para reimaginar a política e as mudanças globais. Eles afirmam que o mar permite um modo de pensar que se move além das narrativas de soberania dirigidas pelo Estado Nacional. Esse foco nos oceanos e nos mares como espaços abertos e sem fronteiras nos permite repensar como o próprio mundo surgiu. Ryan (2015), ao explorar as zonas de proteção marítimas dos Estados europeus, por meio dos trabalhos de Gaston Bachelard e Peter Sloterdijk, vai além nas interpretações do tema e conclui que o espaço resultante de uma compreensão pluralista e menos antropocêntrica da região oceânica proporciona segurança mais efetiva.

Bear e Eden (2008) transcendem a análise de fronteiras e de limites dos oceanos quando analisam a certificação de pescarias sustentáveis, arguindo que a fluidez dos oceanos e dos próprios peixes, que são alvos das pescarias, sejam considerados na governança marinha. Esses autores questionam a ortogonalidade da perspectiva vigente dentro do tema em relação à fluidez essencial dos mares e dos oceanos, perguntando o quanto os limites cartográficos demarcam e controlam os atores e as atividades de interesse nos processos de governança marinha. Além disso, apresentam a perspectiva da "geografia híbrida", que busca atender à multiplicidade e à fluidez das espacialidades para examinar o papel dos não humanos (peixes) na certificação das pescarias.

Law e Mol (2001) apresentam uma tipologia inovadora acerca da espacialidade com três maneiras distintas de entendimento: espaços regionais, espaços de redes e espaços fluídos. Os espaços regionais são caracterizados por objetos agrupados em limites, sendo que as fronteiras suprimem a diferença e incentivam o tratamento uniforme dos objetos dentro desses limites. Os espaços de redes não são definidos por limites tradicionais, mas por interações nas quais "a distância é uma função das relações entre os elementos e a diferença é uma questão de variedade relacional" (Law; Mol, 2001, p. 612, tradução nossa); contornam o espaço cartesiano, potencialmente aproximando o distante e tornando o próximo distante, como as redes sociais virtuais, por exemplo. Os espaços fluidos não apresentam diferenças marcantes pelas fronteiras ou relações entre um lugar e outro; ao invés disso, as fronteiras podem desaparecer e as relações podem se transformar sem quebras ou fraturas, bem como os objetos são fluidos e promulgados em práticas que também reconhecem a ruptura, um conceito que se afasta do "gerencialismo funcional".

Essa tipologia é útil aos geógrafos em virtude do foco na espacialidade, pois enfatiza a multiplicidade topológica em vez da uniformidade. Isso significa que distintos tipos de espaço podem coexistir sobrepostos, então reconhecer espaços fluídos não significa que os espaços regionais devem ser descartados, uma vez que os limites, como "construções sociais", são reais e não podem ser escritos, pois fazem parte das identidades sociais e da organização do território e do lugar. Os mares e os oceanos se tornam objetos ideais na aplicação dessas proposições.

Steinberg (2001) identifica três tipos de construções sociais relacionadas ao padrão de uso e de ocupação dos oceanos. O primeiro tipo interage com o espaço oceânico como um simples espaço vazio a ser atravessado, um território pouco utilizado pelos Estados, como o Oceano Índico até 1500 a.C. O segundo tipo, em forte oposição ao anterior, trata o oceano como um território propriamente dito, como uma série de "lugares" cuja propriedade pode ser reivindicada e apropriada, a exemplo da Micronésia durante a maior parte da história conhecida. Finalmente, há o modelo mediterrâneo, que vê o oceano como uma área de conflito sobre a qual os Estados-nação individuais podem reivindicar domínio para garantir os usos desejados, mas sobre os quais não reivindicam a soberania territorial. Kliot (1989) corrobora o último tipo e cita que o Mar Mediterrâneo pode ser investigado como uma força que encoraja a interdependência entre os Estados costeiros e, portanto, a cooperação entre seus moradores e ao mesmo tempo o mar e seus recursos incentivam disputas e conflitos entre os Estados mediterrâneos (Kliot, 1989).

Germond e Germond-Duret (2016) ampliam o estudo da mesma região, analisando criticamente o caso da União Europeia (UE) e de suas políticas de segurança e governança oceânica. Eles afirmam que o mar é um lugar no qual as políticas de controle marítimo se traduzem em práticas que o territorializam, não exatamente pelo aspecto da soberania e da perspectiva jurisdicional, mas por uma perspectiva funcional e normativa, na qual o papel de governo da UE se estende para o domínio marítimo, exercendo amplamente o controle sobre esse domínio em todos os níveis. As narrativas que suportam tais práticas enfatizam, ambiguamente, a necessidade de controle do domínio marítimo e a manutenção da liberdade dos mares, além da necessidade de controlar o mar, assim como a terra é controlada, a fim de contribuir para a segurança e para o bem-estar.

O trabalho prolífico de Steinberg (2001) resgata três pontos de vista significativos que sustentaram o debate, nos últimos 350 anos, sobre as áreas oceânicas que contêm Estados-nação terrestres, logo antes do Tratado de Vestfália[2] (1644 a 1648) (Romano, 2012). Primeiramente, Hugo Grotius, em 1608, argumentou que o uso comum dos mares deve ser sacrossanto, mas que aqueles com a capacidade e a vontade de desenvolver recursos oceânicos devem ser autorizados a fazê-lo. Serafim de Freitas, em 1625, propôs que os Estados pudessem exercer

---

2. O Tratado de Vestfália é considerado um dos marcos da diplomacia e do direito internacional moderno. O Ato Geral de Vestfália consistiu na reunião de dois tratados de paz que envolviam o fim da Guerra dos Oitenta Anos entre a Espanha e os Países Baixos, assinado em 30 de janeiro de 1648, e o da Guerra dos Trinta Anos na Alemanha, assinado em 24 de outubro do mesmo ano. As conversações de paz, iniciadas em 1644 nas cidades de Münster e de Osnabrück, região de Vestfália, foram fundamentais para a assinatura dos tratados de paz entre o Sacro Império Romano-Germânico, os outros príncipes alemães, a França e a Suécia (Magnoli, 2012).

direitos soberanos em algumas circunstâncias, especialmente em águas adjacentes aos litorais. E Selden, em 1635, afirmou que os Estados poderiam reivindicar direitos soberanos, especialmente em águas adjacentes, mas que deveriam permitir a liberdade de circulação por elas.

O estudo de Semple (1908) sobre a antropogeografia dos oceanos e dos mares fechados, apesar de antiga e notadamente eurocêntrica, apresenta reflexões geopolíticas sobre as mudanças ocorridas durante as Grandes Navegações. A autora destaca que, apesar de a Itália ter longa experiência marítima e relações comerciais com o Oriente desde os tempos antigos e fornecer navegadores (Cristóvão Colombo, Giovani Caboto e Américo Vespúcio) para a Espanha e a Inglaterra em suas viagens transatlânticas iniciais, acabou se fixando às margens do Mediterrâneo como seu horizonte "natural", reduzindo sua visão a seu raio mais curto. Os interesses pela preservação das velhas rotas para o Oriente fizeram que ela ignorasse planos para desviar o comércio europeu para rotas transatlânticas. A entrada da Itália no alto-mar era, portanto, relutante e tardia, retardada pela necessidade de superar a antiga visão circunscrita da bacia fechada do Mediterrâneo antes de adotar a visão mais ampla de oceano aberto das Grandes Navegações. Veneza e Gênova foram prejudicadas não só pela descoberta da rota do mar para a Índia, mas também por sua aderência aos antigos meios e métodos talássicos de navegação, inadequados para o alto-mar (Semple, 1908).

Os Estados com fronteiras oceânicas tradicionalmente reivindicam alguma soberania em imensas áreas (até 200 milhas) de oceano adjacentes a suas costas, e a Convenção Internacional sobre o Direito do Mar trabalhou por mais de 30 anos, no fim do século XX, para resolver os debates sobre o acesso e a exploração dos oceanos além desses espaços. Os oceanos, assim como o espaço sideral, estão entre os últimos bens comuns e também configuram um caso de paradigma da tragédia dos comuns[3] (Beery, 2016). Isso ocorre porque são espaços nos quais se pressupõe a inexistência de um Estado supranacional que submeta todos os demais Estados a seu controle militar e político e, consequentemente, à aplicação de políticas de comando e de controle, que são uma das estratégias mais comuns na gestão de recursos naturais.

Os oceanos são muito mais do que espaços vazios que separam as áreas reivindicadas como posses de Estados soberanos; são um meio importante pelo qual o comércio ocorre e foram arenas em que batalhas e guerras interestatais ocorreram. Além disso, são uma base de recursos fundamentais não só para recursos vivos explorados por sociedades humanas mas também para uma variedade de minerais e de grandes volumes de petróleo, explorados diariamente em mares cada vez mais profundos. Não surpreendentemente, os oceanos e os mares foram o foco de muitos conflitos assim que sua importância como base de recursos foi aumentando, de modo que o conflito pelo uso ampliou o conflito pela propriedade.

4.2 Convenção das Nações Unidas sobre o Direito do Mar

Um dos valores distintos do mar é promover relações multilaterais, ao contrário das relações unilaterais nos continentes. Outro fator

---

3. A tragédia dos comuns é uma teoria econômica que ilustra alguns casos em sistemas de recursos compartilhados, em que os usuários individuais, que atuam independentemente e de acordo com seus próprios interesses, comportam-se contrariamente ao bem comum de todos os usuários, esgotando ou inviabilizando o recurso por meio da ação coletiva.

é que o oceano sempre realizou uma função na evolução da história: fornecer uma alternativa para a redundância do exercício de poderes nacionais. Desde o início do século XVII até a década de 1950, os principais Estados marítimos mantiveram a doutrina da liberdade dos mares como premissa básica da lei marítima internacional. Exceto por faixas estreitas de mares territoriais, reivindicados principalmente por motivos de segurança, o alto-mar foi considerado livre para os navios e para o comércio de todos os Estados (Semple, 1908).

O vasto tamanho dos oceanos tem sido a base de sua neutralidade, que é uma ideia recente na história política. O princípio surgiu em conexão com os oceanos e deles foi estendido para as bacias menores, que eram consideradas como domínios políticos privados. A área limitada desses mares interiores permitiu que fossem apropriados, controlados e até mesmo policiados. No início do século XVI, o Oceano Índico era um mar de Portugal e a Espanha tentava monopolizar o Caribe e o Oceano Pacífico (Campos, 2012), mas as imensas áreas desses campos pelágicos e a rápida invasão de outras potências coloniais tornaram obsoleto, na prática, o princípio da *mare clausum* e introduziram o princípio *mare liberum*. Portanto, a teoria política da liberdade dos mares parece ter necessitado de um vigoroso apoio até o fim do século XVII. Essa teoria se consolidou, por acordo internacional, até o início do século XX, quando o domínio político se estendia apenas a uma légua da costa ou dentro do alcance de um tiro de canhão. O restante da vasta área de águas que compreende três quartos da superfície terrestre continuou sendo um espaço aberto para o mundo (Semple, 1908).

O avanço tecnológico da navegação e da exploração marítima em meados do século XX trouxe renovação aos significados das fronteiras oceânicas. A navegação hoje afeta o comércio e a segurança nacional de praticamente todos os países – os usos da navegação variam de superpetroleiros e submarinos nucleares até navios mercantes comuns e pequenos navios de pesca (Unctad, 2014a). As operações de pesca se tornaram indústrias bastante importantes e eficientes em praticamente todos os países e uma crescente parte do petróleo e do gás natural global vem de áreas *offshore*. Nos últimos anos, várias empresas de mineração desenvolveram tecnologias para explorar valiosos minerais do fundo do oceano. Acompanhar esses avanços tecnológicos e o crescente uso dos recursos marinhos tem sido uma tentativa dos Estados costeiros para afirmar um maior controle sobre as atividades fora de seus litorais.

Entre 80% e 90% do volume do comércio global é transportado por navios nos "vazios" líquidos que separam as massas terrestres. Em 2012, cerca de 9,2 bilhões de toneladas de mercadorias foram carregadas em portos em todo o mundo (Unctad, 2013), o que significa que a maioria dos itens que possuímos, as roupas que vestimos e os bens que usamos no dia a dia foram tocados pelos mares e pelos oceanos que muitas vezes parecem distantes de nós. Sem rotas oceânicas e marítimas, a globalização como a conhecemos não teria sido possível.

Tabela 4.1 – Desenvolvimentos no comércio marítimo

Desenvolvimento do comércio marítimo internacional – anos selecionados (milhões de toneladas transportadas)				
Ano	Óleo e gás	Principais granéis	Outras cargas secas	Total (todas as cargas)
1970	1440	448	717	2605
1980	1871	608	1225	3704
1990	1755	988	1265	4008
2000	2163	1295	2526	5984

(continua)

(Tabela 4.1 – conclusão)

Ano	Óleo e gás	Principais granéis	Outras cargas secas	Total (todas as cargas)
2005	2422	1709	2978	7109
2006	2698	1814	3188	7700
2007	2747	1953	3334	8034
2008	2742	2065	3422	8229
2009	2642	2085	3131	7858
2010	2772	2335	3302	8409
2011	2794	2486	3505	8784
2012	2841	2742	3614	9197
2013	2844	2920	3784	9548

Desenvolvimento do comércio marítimo internacional – anos selecionados (milhões de toneladas transportadas)

Fonte: UNCTAD, 2014b, p. 5, tradução nossa.

O pós-Segunda Guerra Mundial trouxe essa demanda de comércio global e as reivindicações nacionais de ampliação de seus limites geográficos sobre o oceano cresceram em todo o globo, concomitantemente. As reivindicações nacionais aos oceanos assumiram duas formas: a) geográfica, que reivindica áreas aumentadas; b) funcional, que reivindica poderes regulatórios ampliados dentro da mesma área geográfica (Owsiak; Mitchel, 2017). Isso resultou em uma tendência de os Estados costeiros colocarem mais restrições sobre as zonas *offshore* inicialmente estabelecidas para outros fins menos restritivos, por meio de legislações marinhas nacionais que criam ou alteram limites de mares territoriais e de zonas de recursos.

A partir disso, o mar se tornou um espaço internacional de administração compartilhada que resulta em conflitos diferentes, exigindo novos processos de governança, de controle e de partição, de modo que o meio marinho não pode ser adquirido ou analisado como o espaço terrestre. Steinberg e Peters (2015) colocam os oceanos e os mares como novos meios de refletirmos e aprofundarmos nossa compreensão do território e de como o poder é simultaneamente projetado por dentro, sobre e por meio do espaço geográfico.

A partir da Primeira Guerra Mundial, a comunidade internacional já reconhecia que era preciso uma codificação do Direito Marítimo Internacional, tal como se aplicava à "criação" do espaço marítimo do Estado costeiro. Em 1945, a Proclamação Truman sobre a plataforma continental afirmou que um Estado tinha direito a sua plataforma continental como uma extensão de sua massa terrestre até 100 fathoms[4] (Bravender-Coyle, 1988). Então houve uma série progressiva de encontros que culminou em quatro conferências e convenções realizadas para codificar o Direito do Mar[5].

A convenção com melhor sucesso foi a Convenção da Plataforma Continental, que permitiu aos Estados a exploração dos recursos não vivos de seus leitos marinhos desde o início da década de 1960 com segurança jurídica. Cabe citarmos que a flexibilidade na declaração de que a plataforma continental era o leito marinho e o subsolo adjacente à costa a 200 metros de profundidade, ou até onde pudesse ser explorado, foram os fatores mais significativos para esse sucesso. Provavelmente, o sucesso dessa convenção foi devido à utilização de conceitos científicos relativamente consagrados da Geologia Marinha estabelecidos como padrões de limites geopolíticos e do crescente interesse estratégico da exploração de petróleo *offshore*. Naquela época, as primeiras operações

---

4. Unidade de medida igual a 6 pés (aproximadamente 1,8 m), utilizada em referência à profundidade da água.

5. Convenção sobre o Mar Territorial e a Zona Contígua; Convenção sobre o Alto Mar; Convenção sobre Pesca e Conservação dos Recursos Vivos do Alto mar; e Convenção sobre a Plataforma Continental.

offshore de exploração de petróleo em maior escala se iniciaram em diversos países costeiros (IHB, 2006).

Figura 4.1 – Área de gestão dos oceanos e referente enquadramento legal

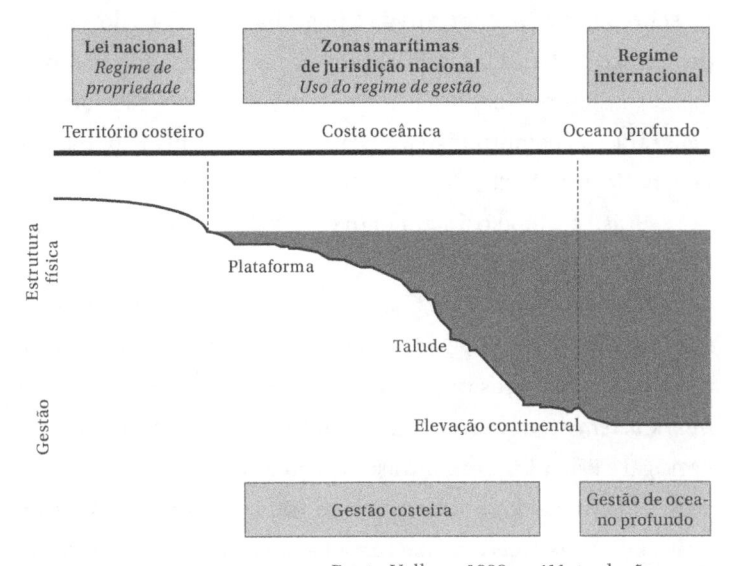

	Lei nacional *Regime de propriedade*	Zonas marítimas de jurisdição nacional *Uso do regime de gestão*	Regime internacional
	Território costeiro	Costa oceânica	Oceano profundo

Estrutura física: Plataforma, Talude, Elevação continental

Gestão: Gestão costeira | Gestão de oceano profundo

Fonte: Vallega, 1999, p. 411, tradução nossa.

A partir dessas convenções, uma série de discussões se desenvolveram, como mar territorial, liberdade do alto-mar, zonas de pesca e acesso a recursos minerais. Esse processo culminou uma das realizações mais significativas das Nações Unidas até a presente data: a Convenção das Nações Unidas sobre o Direito do Mar (CNUDM ou Unclos, de "United Nations Convention on the Law of the Sea"), aberta à assinatura em 10 de dezembro de 1982. A convenção dispõe sobre leito profundo, zonas marítimas tradicionais, disposições de navegação, zona econômica exclusiva, disposições estatais de arquipélagos, pesquisa científica marinha e proteção e preservação do meio marinho.

A CNUDM é uma complexa e abrangente formulação do Direito Internacional que busca regular o uso dos oceanos globais em benefício da humanidade e que mudou fundamentalmente a natureza exclusiva da soberania territorial, pois define múltiplas esferas de direitos, de responsabilidades e de autoridade política sobrepostas. No contexto da Geografia Marinha e do espaço geográfico global, suas implicações e seus limites são um ótimo exercício empírico-analítico, uma vez que envolvem questões biogeográficas, geomorfológicas, oceanográficas e principalmente geopolíticas (IHB, 2006).

O Brasil assinou o documento em 1982 e o ratificou em 1988, introduzindo e consagrando os conceitos de mar territorial, de zona econômica exclusiva e de plataforma continental na legislação nacional. No entanto, as discussões e as leis sobre o controle dos Estados costeiros vêm desde o fim do século XV, com a Bula *Inter Coetera* e o posterior Tratado de Tordesilhas, assinado entre Portugal e Espanha. Em contraste ao controle, no século XVII, o direito à liberdade dos mares estava contido no tratado de Grotius, intitulado *Mare Liberum*, que consubstanciava o direito ao comércio livre, publicado em desafio direto a Portugal (Magnoli, 2012).

A valorização da história geológica e da estrutura tectônica de uma bacia oceânica ou das regiões costeiras pode ser crucial para a delimitação dos limites da plataforma continental externa de acordo com o disposto na CNUDM. Também é fundamental para a compreensão da natureza a distribuição e o valor dos recursos não vivos do fundo do mar. Essas características das regiões litorâneas e do fundo do mar são feições e processos que podem afetar tanto a determinação dos limites marítimos quanto algumas configurações de fronteiras e consequentemente a facilidade de navegação e o acesso aos recursos naturais marinhos (IHB, 2006).

Especificamente, a CNUDM define uma linha de base marítima (geralmente, a linha média de preamar[6]) a partir da qual áreas adicionais são definidas (Brasil, 2015). Essa linha de base pode ser qualquer combinação de litoral natural e de segmentos de linhas retas, tais como fechamento de baías, linhas de base diretas ou linhas de base arquipelágicas, de acordo com as disposições dos arts. 7, 10 e 47 da CNUDM[7]. As áreas adicionais são:

a. Águas internas – Localizadas no lado terrestre da linha de base, sobre as quais um Estado tem autoridade total para estabelecer leis, regular uso, explorar recursos e limitar navios estrangeiros.
b. Águas territoriais – Estendidas a 12 milhas náuticas (1 mn = 1.852 metros) a partir do mar da linha de base, onde o Estado costeiro pode estabelecer leis, regular uso e explorar recursos e é permitida "passagem inocente" de navios estrangeiros.
c. Além das águas territoriais de 12 mn, há 12 mn adicionais, área chamada de *zona contígua*, dentro da qual o Estado costeiro tem direitos adicionais para impor leis sobre poluição, tributação, alfândega e imigração.
d. Estendendo-se 200 mn da linha de base, os Estados costeiros controlam uma **zona econômica exclusiva** (ZEE), dentro da qual mantêm direitos exclusivos sobre todos os recursos naturais (direitos de pesca e direitos minerais, por exemplo). As nações estrangeiras mantêm direitos de navegação, sobrevoo e capacidade de instalar tubos e cabos submarinos.

---

6. "A linha média de preamar é definida pela média das marés máximas do ano de 1831. O ano de 1831 é usado para dar garantia jurídica, porque é conhecido o fenômeno de mudanças na costa marítima, decorrente do movimento da orla. Esses movimentos se dão por processos erosivos ou por aterros. A partir da determinação da linha da preamar média, inicia-se a delimitação dos terrenos de marinha" (Brasil, 2015).
7. Linhas de base são critérios geodésicos lineares para determinar graficamente áreas, regiões e limites.

e. Plataforma continental – Apresenta uma oportunidade para estabelecer reivindicações além do limite de 200 mn, mas nunca mais de 350 mn da linha de base ou 100 mn além da isóbata de 2,5 mil metros. Na plataforma continental, os Estados costeiros têm o direito exclusivo de explorar materiais minerais e não vivos no subsolo (por exemplo, petróleo).

Dessa maneira, formam-se camadas de autoridade e de soberania além das margens dos Estados signatários, equilibradas com as necessidades de outros Estados da comunidade internacional e sobrepondo diversos limites geopolíticos na mesma região.

Figura 4.2 – Linhas de base

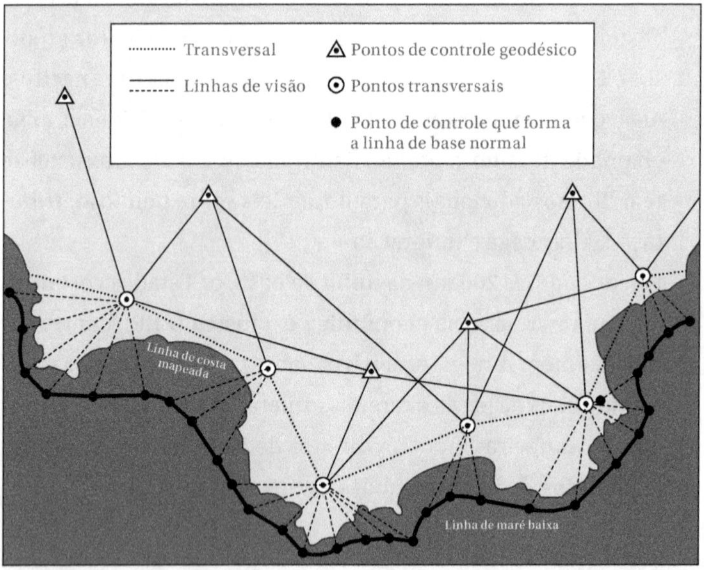

*Determinação dos pontos de controle de linha de base: Ambos os modos de posicionamento por satélite produzem posições tridimensionais. Posições ou diferenças de posição são expressas, geralmente, em coordenadas cartesianas geocêntricas tridimensionais ou diferenças de coordenadas, que podem ser transformadas posteriormente em latitude e longitude geodésicas.

Fonte: IHB, 2006, p. 42, tradução nossa.

Figura 4.3 – Pontos de entrada natural

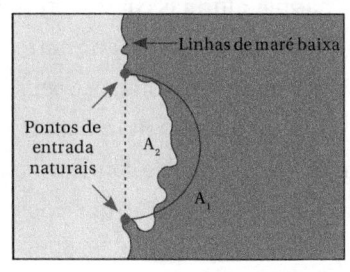

a. Não é uma baía jurídica   b. É uma baía jurídica

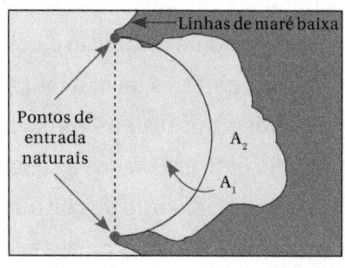

Fonte: IHB, 2006, p. 80, tradução nossa.

Figura 4.4 – Linhas de base arquipelágicas

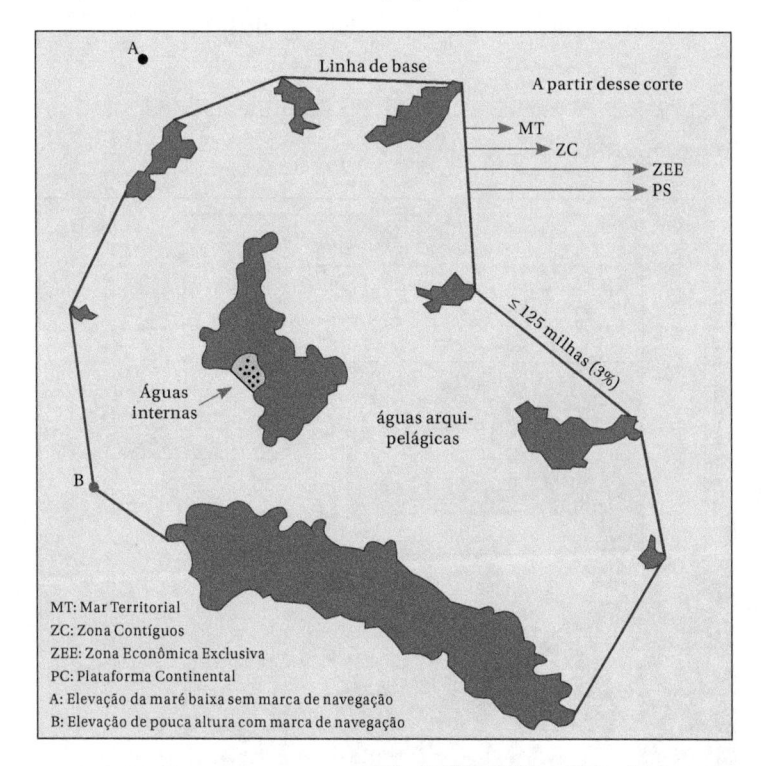

MT: Mar Territorial
ZC: Zona Contíguos
ZEE: Zona Econômica Exclusiva
PC: Plataforma Continental
A: Elevação da maré baixa sem marca de navegação
B: Elevação de pouca altura com marca de navegação

Fonte: IHB, 2006, p. 83, tradução nossa.

A CNUDM depositou orientações para delimitar as zonas econômicas exclusivas e os limites das plataformas continentais para auxiliar na resolução de questões de divisas do oceano entre países signatários da convenção. Esses interesses estatais e seus custos de transação diferem em todos os tipos de reivindicação, incentivando os Estados a cederem diversos níveis de controle sobre o gerenciamento de conflitos, produzindo variação nos tipos de estratégias que os países selecionam para gerenciar conflitos de terra e água. Entretanto, os conflitos marinhos são, historicamente, o tipo de reivindicação territorial mais institucionalizado, com países frequentemente empregando negociações multilaterais e processos juridicamente vinculativos (arbitragem e adjudicação) para resolver disputas (Owsiak; Mitchel, 2017).

Figura 4.5 – Extensão da plataforma continental e outras zonas marinhas

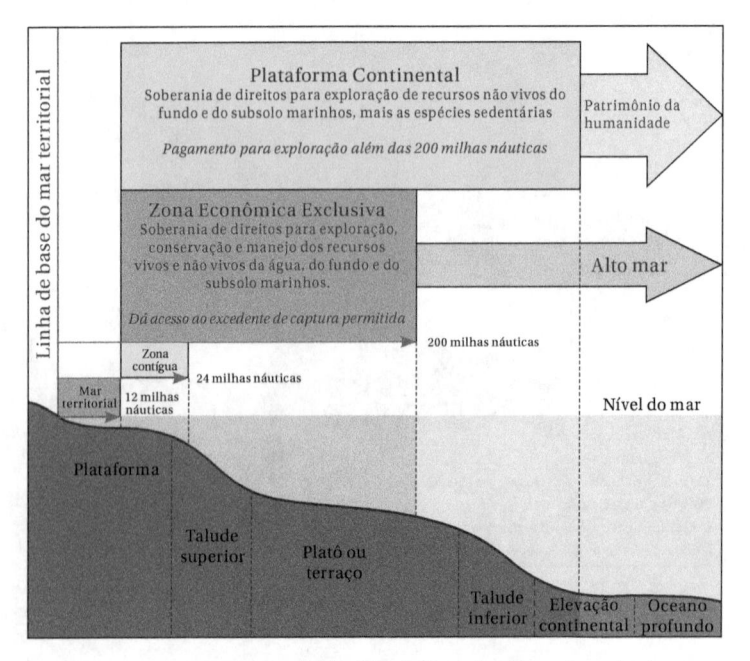

Fonte: Symonds; Alcock; French, 2009, p. 2, tradução nossa.

No entanto, Alexander (1986) apresenta uma série de desafios para a implantação da convenção e cita algumas soluções periódicas, com relativo sucesso, da criação de zonas marítimas neutras nas áreas de disputa em que podem ser realizadas parcerias de exploração dos recursos em zonas econômicas exclusivas entre os países em disputa; apesar disso, uma série de impasses e de disputas permanece até hoje. Chiu (1986) ressalta a ambiguidade de algumas disposições e cita uma série de casos específicos no oeste do Pacífico, onde diversos problemas e resoluções são de difícil solução.

Recentemente, um caso que chamou atenção da comunidade internacional foi a disputa no sudeste asiático (Schofield et al., 2011), em uma área com diversas bases militares dos Estados Unidos, da China, do Japão e das Filipinas e disputas territoriais sobre ilhas e arquipélagos. Além disso, na região há grandes campos de gás natural e de petróleo a serem explorados, bem como oleodutos e importantes rotas comerciais. O evento eclodiu após China e Vietnã ampliarem algumas de suas áreas em recifes na região, por meio da criação de ilhas artificiais e portos (Figuras 4.5 e 4.6). Posteriormente, a China reivindicou a ampliação de suas áreas marítimas, no entanto, algumas dessas reivindicações perpassam outros territórios e reivindicações de Vietnã, Filipinas, Malásia e Brunei (Figuras 4.6 e 4.7).

Figura 4.6 – O recife de Fiery Cross

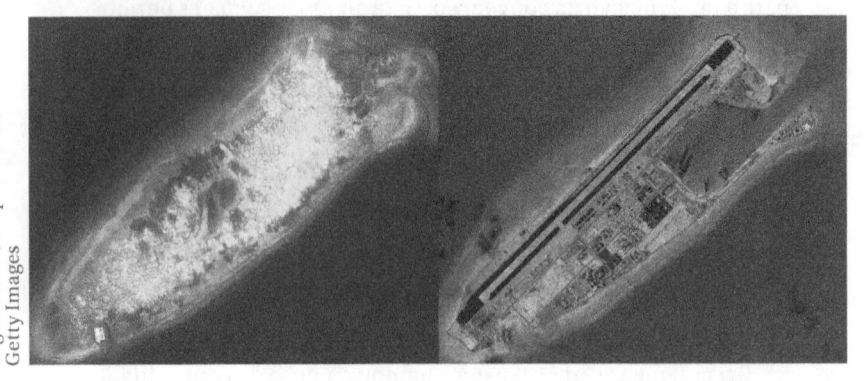

Fonte: SCMP Graphics, 2015.

Figura 4.7 – Territórios de Sandcay e West London Reef

Fonte: SCMP Graphics, 2015.

Mapa 4.1 – Reivindicações e disputas territoriais no oeste do Oceano Pacífico

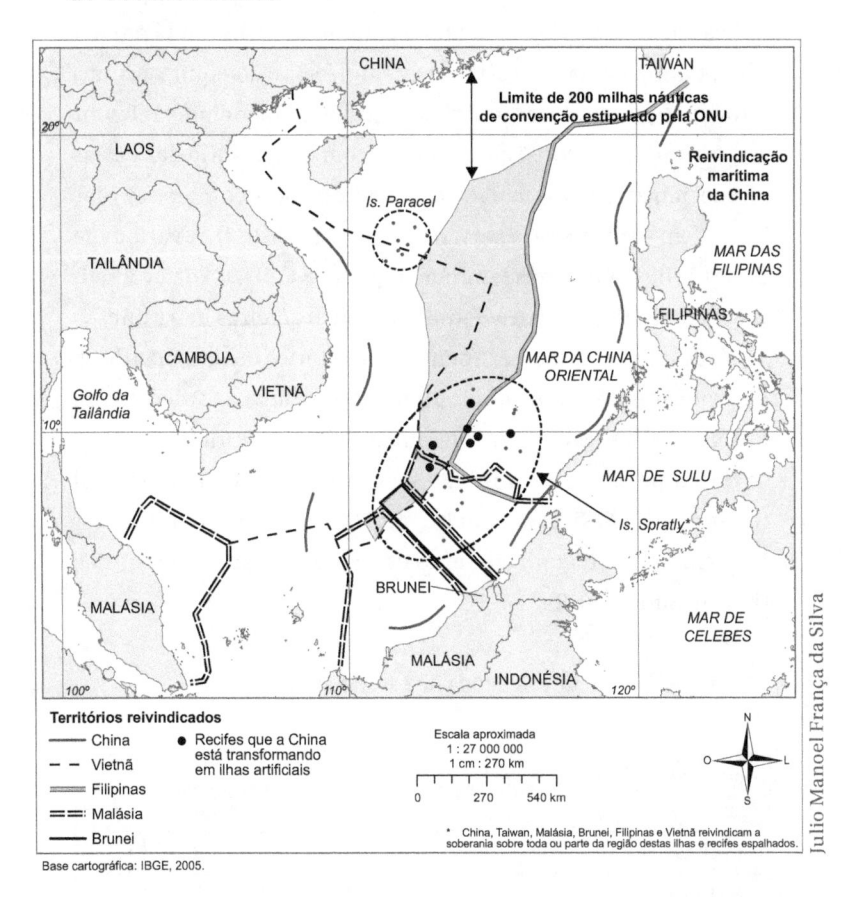

Territórios reivindicados
— China
- - - Vietnã
=== Filipinas
==: Malásia
— Brunei

● Recifes que a China está transformando em ilhas artificiais

Escala aproximada
1 : 27 000 000
1 cm : 270 km
0 270 540 km

* China, Taiwan, Malásia, Brunei, Filipinas e Vietnã reivindicam a soberania sobre toda ou parte da região destas ilhas e recifes espalhados.

Base cartográfica: IBGE, 2005.

Julio Manoel França da Silva

Fonte: Tribunal..., 2016, tradução nossa.

A partir de controvérsias verificadas, as Nações Unidas estabeleceram medidas a fim de mitigar cada disputa de fronteira marítima que acaba sendo única ou monotípica e tem importância fundamental em qualquer consideração da lei de delimitação de fronteira marítima. O surgimento de numerosos novos Estados, com o consequente aumento dos limites marítimos, tem servido para destacar o significado dessa ideia. Isso tornou inadequada a aplicação de uma regra global ou geral para casos ainda em disputa, dando ênfase à realização de uma solução equitativa nas situações particulares, aplicando todos os princípios relevantes. Isso pode ser conseguido não só com o equilíbrio das várias circunstâncias, mas também do balanceamento dos interesses das partes em conflito para servir à causa (Saha, 2013). A variedade de situações marítimas também impediu a CNUDM de produzir regras definitivas sobre a delimitação de fronteiras marítimas.

O desafio no estabelecimento de territórios ou de zonas de exclusividade exploratória ainda permanece. A Tabela 4.2 demonstra que as práticas estatais de reivindicação de territórios marinhos se tornaram estáveis e alinhadas com a legislação internacional refletida pela CNUDM. Atualmente, 143 dos 152 Estados costeiros demandam reconhecimento do mar territorial de 12 milhas (Roach; Smith, 2012).

Tabela 4.2 – Reivindicações de estados nacionais de áreas marinhas

Reinvindicações nacionais	1945	1958	1965	1974	1979	1983	2011
3 milhas	46	45	32	28	23	25	1
4 a 11 milhas	12	19	24	14	7	5	2
12 milhas	2	9	3	20	25	20	7
Acima de 12 milhas	0	2	3	20	25	20	7
Número de Estados Insulares ou Costeiros	60	75	85	116	131	139	152

Fonte: Elaborado com base em Roach; Smith, 2012, p. 136.

Podemos verificar diversas camadas de significado que adicionam complexidade ao entendimento geográfico da governança oceânica global proposta pela CNUDM. Por exemplo: Dodds e Benwell (2010) revisitam questões importantes de soberania territorial, problemas de descolonização, o direito à autodeterminação e a resolução de disputas internacionais no Atlântico Sul e na Antártida com as reivindicações que se sobrepõem à Península Antártica e às ilhas vizinhas, como Geórgia do Sul, e lembram que a disputa sobre as Malvinas nunca deve ser vista isoladamente dos territórios disputados no Atlântico Sul. Os Mapas 4.2 e 4.3 sugerem que ilhas como as Ilhas Malvinas e Geórgia do Sul têm capacidade de gerar não apenas zonas econômicas exclusivas mas também plataformas continentais externas adicionais, ampliando direitos soberanos sobre milhões de quilômetros quadrados de fundo oceânico e de coluna de água.

Mapa 4.2 – Reivindicações territoriais na região das Ilhas Malvinas no Oceano Atlântico Sul

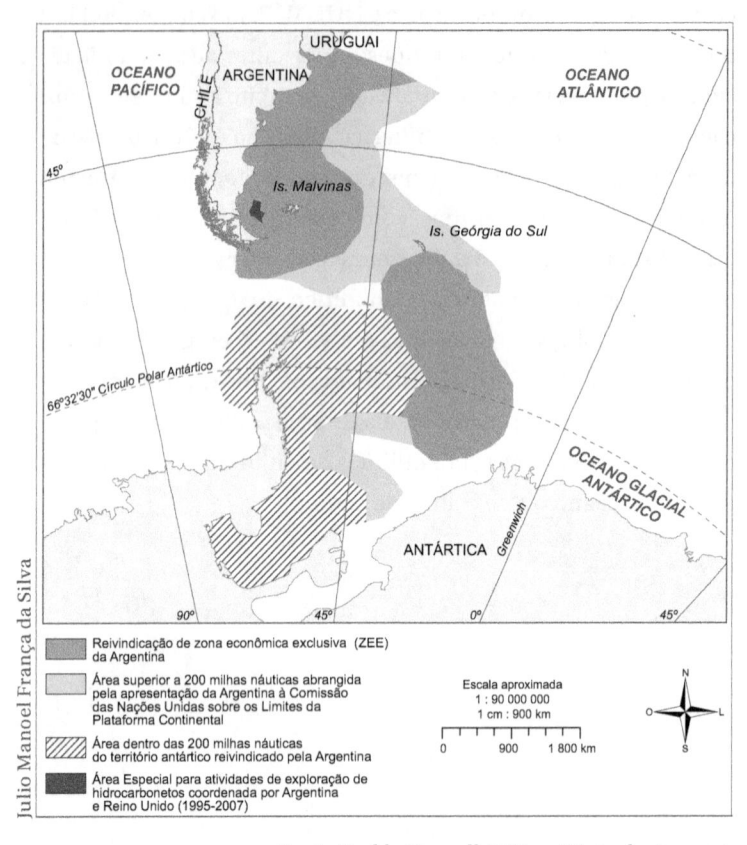

- Reivindicação de zona econômica exclusiva (ZEE) da Argentina
- Área superior a 200 milhas náuticas abrangida pela apresentação da Argentina à Comissão das Nações Unidas sobre os Limites da Plataforma Continental
- Área dentro das 200 milhas náuticas do território antártico reivindicado pela Argentina
- Área Especial para atividades de exploração de hidrocarbonetos coordenada por Argentina e Reino Unido (1995-2007)

Escala aproximada
1 : 90 000 000
1 cm : 900 km

0 — 900 — 1 800 km

Julio Manoel França da Silva

Fonte: Dodds; Benwell, 2010, p. 571, tradução nossa.

Mapa 4.3 – Reivindicações territoriais na região das Ilhas Malvinas no Oceano Atlântico Sul (continuação)

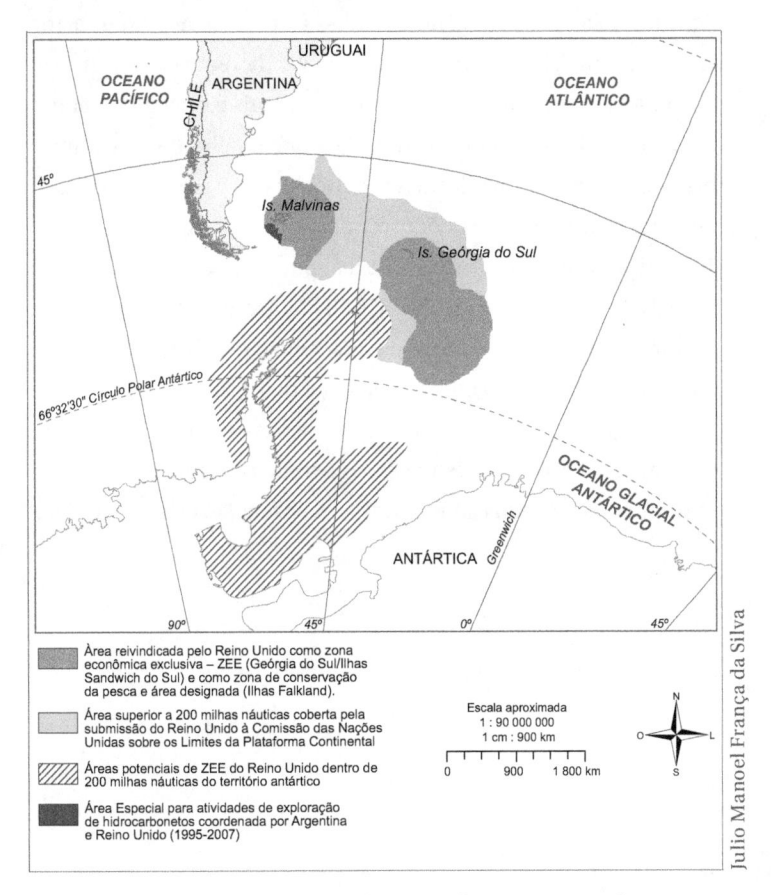

Fonte: Dodds; Benwell, 2010, p. 572, tradução nossa.

Um problema similar ocorre no Oceano Ártico, com cerca de dez disputas territoriais e reivindicações dos fundos marinhos, algumas delas ainda conflitantes. Essa situação, novamente, torna-se mais difícil uma vez que a variável de recursos naturais é adicionada à equação, principalmente os mais estratégicos, como o petróleo (Mapa 4.4). A boa notícia é que o debate sobre o território e o controle subsidiário dos depósitos de petróleo, até agora bastante hipotéticos, está ocorrendo dentro do quadro regulatório institucional das Nações Unidas, por meio dos mecanismos da CNUDM (Carlson et al., 2013). Cabe citarmos que essa disputa certamente se acirrará, uma vez que, com o quadro crescente de aquecimento global e o inexorável recuo das linhas de gelo do Polo Norte, haverá aumento da área marinha passível de ser navegada e explorada. Consequentemente, os Estados Nacionais desejarão ampliar cada vez mais suas ações em direção ao Oceano Ártico.

Mapa 4.4 – Reivindicações territoriais no Oceano Ártico

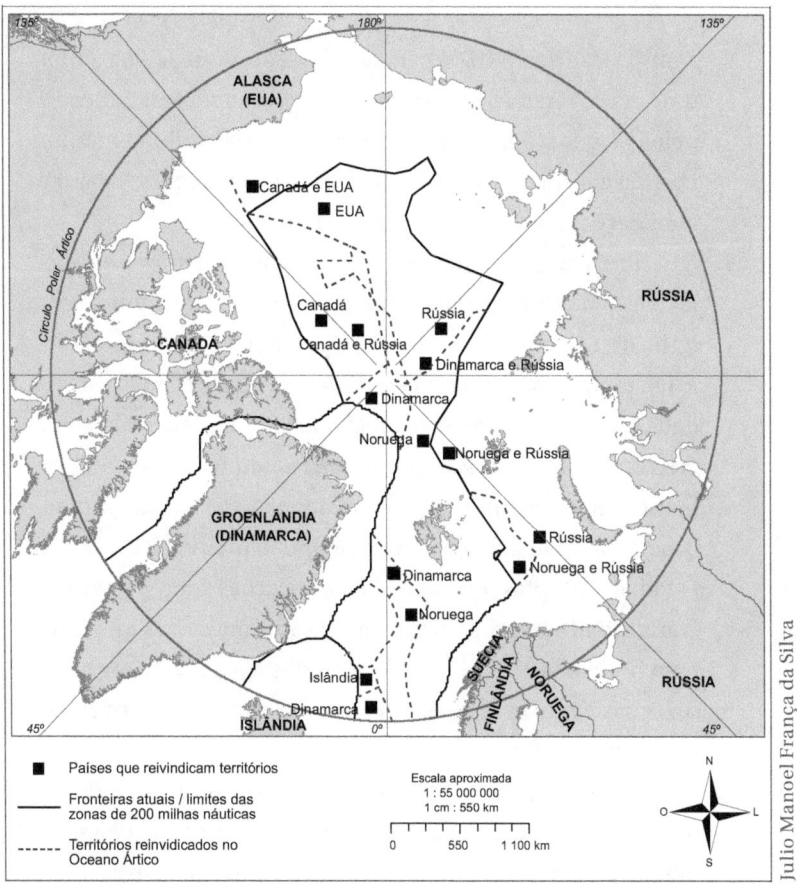

Fonte: Matechik, 2015, tradução nossa.

Carlson et al. (2013) elencam cinco principais contribuições da CNUDM:

1. A ratificação da CNUDM pela comunidade internacional criou um "novo" território marítimo que poderia ser reivindicado pelos Estados. Essa nova territorialização resultou em uma "corrida à terra marítima", especialmente em regiões com reivindicações sobrepostas e recursos existentes.
2. A natureza em camadas das novas zonas marítimas estabelecidas pela Convenção (mar territorial de 12 mn, zona contígua de 24 mn, ZEE de 200 mn e potencial para se estender a 350 mn nas plataformas continentais existentes) e a variedade de atividades que o Estado pode regular em cada zona criaram o conceito de *soberania em camadas*, que acabou suplantando o entendimento tradicional de soberania que se baseia na exclusividade e no monopólio políticos. Portanto, Estados múltiplos podem ter reivindicações sobrepostas e a comunidade internacional tem direitos em zonas que também podem ser reguladas por Estados costeiros e por organizações como as Nações Unidas, que são então instituídas para arbitrar esses casos.
3. A existência singular de mecanismos de resolução de disputas dentro da própria Convenção e a definição exata de como as diferentes zonas marítimas são medidas (com base em características geológicas) proporciona aos atores nacionais o cumprimento voluntário e o lançamento de argumentos legais explícitos, com base nos termos definidos pela própria CNUDM.

4. Na busca de território e de recursos naturais vitais, os poderes estatais (grandes e pequenos) observam voluntariamente as regras, os regulamentos e os processos de uma instituição intergovernamental em vez de simplesmente buscar seus próprios interesses sem considerar a comunidade internacional e a propriedade legal. A concorrência marítima parece reforçar uma compreensão institucional neoliberal do comportamento das relações internacionais modernas, o que, consequentemente, mina uma visão realista do poder na política global. Os Estados estão mais propensos à cooperação pacífica ao invés de se engajarem em conflitos e em disputas armadas pela reivindicação de territórios marinhos.
5. O reconhecimento generalizado e a aceitação da CNUDM como marco legítimo para estabelecer, definir, decidir e resolver disputas territoriais marítimas reflete uma mudança de como a comunidade internacional e os órgãos governamentais internacionais legítimos podem criar estruturas para a ação cooperativa ou, pelo menos, limitar o dano da ação não cooperativa. A inclusão de mecanismos de resolução de disputas nos futuros acordos internacionais pode auxiliar a expansão produtiva de organismos internacionais para áreas novas ou emergentes da governança global.

O Mapa 4.5 mostra o global das zonas econômicas exclusivas e as regiões oceânicas de alto-mar, que correspondem respectivamente a 42% e 58% da área do oceano mundial (White; Costello, 2014).

Mapa 4.5 – Mapa global das zonas econômicas exclusivas e regiões oceânicas de mar aberto

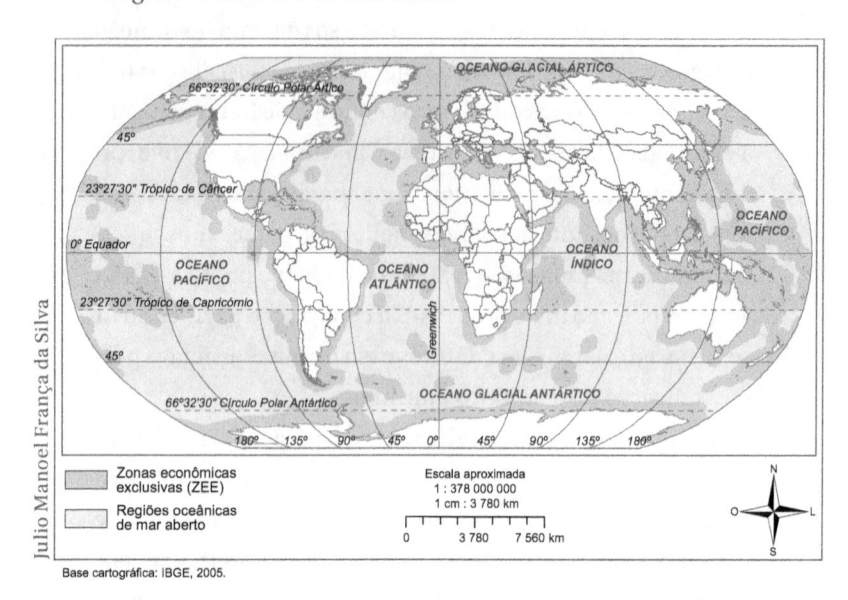

Fonte: White; Costello, 2014, tradução nossa.

Síntese

Dessa maneira, verificamos que o mar precisa ser enfrentado como uma região do espaço geográfico global de maneira plena e distinta das terras emersas, assim como a internalização de sua complexa realidade nos desafios de governança oceânica e de segurança marítima no século XXI. As práticas que respondem a essas necessidades ilustram como o oceano é um riquíssimo pano de fundo para as mais diversas interações geográficas – ambientais, sociais, políticas ou culturais. Compreender os oceanos e suas dinâmicas sociais e ambientais é fundamental, uma vez que regulam nosso clima, fornecem recursos naturais, alimentos, minerais e energia, além de serem essenciais para atividades culturais, turismo, lazer e comércio internacional.

A evolução tecnológica e o desenvolvimento dos países trouxeram novas demandas e interesses econômicos e geopolíticos sobre o oceano, de modo que a inter-relação destes com a criação de normativas internacionais culminou na criação da Convenção das Nações Unidas para o Direito do Mar (CNUDM) e estabeleceu novos precedentes internacionais de governança do espaço geográfico global. Apesar de ainda haver desafios quanto a disputas ou reivindicações de territórios marítimos, verificamos seu papel como mediador de disputas e de acomodação de interesses oceânicos.

Indicações culturais

NATIONAL GEOGRAPHIC. **Earth Under Water**. 2018. Disponível em: <https://www.youtube.com/watch?v=6Y7CG-dAeRI>. Acesso em: 30 out. 2018.

Por meio de efeitos especiais de ponta, a National Geographic explora os efeitos potenciais do aumento do nível do mar em nossa civilização nos próximos séculos. Earth Under Water *explica a ciência por trás da previsão do aumento do nível do mar e mostra o que acontecerá com a humanidade se o aquecimento global continuar. O documentário também faz previsões para o século XXI, sobre como os humanos podem recuperar ou se adaptar usando hiperengenharias, vastas barragens e de cidades flutuantes para lidar com os impactos do aquecimento global sobre as regiões costeiras.*

SAYRE, R. G. et al. A Three-Dimensional Mapping of the Ocean Based on Environmental Data. **Oceanography**, v. 30, n. 1, p. 90-103, 2017.

A existência, as fontes, a distribuição, a circulação e a natureza físico-química das massas de água oceânicas de macroescala têm sido foco da pesquisa de Ciências Marinhas. O artigo descreve um conjunto globalmente abrangente de 37 unidades de regiões volumétricas distintas, denominadas "unidades ecológicas marinhas" (UEMs), construídas em um grid *de pontos oceânicos regularmente espaçados da superfície ao fundo do mar e atribuídos com dados do* World Ocean Atlas, *versão 2, de 2013.*

UNESCO. Global **Open Oceans and Deep Seabed (GOODS)**: Biogeographic Classification. Paris, 2009. (IOC Technical Series, n. 84).

Muitos governos, em vários fóruns de políticas, solicitaram classificações biogeográficas para auxiliar seus governos a identificar maneiras de proteger a biodiversidade marinha em áreas fora de sua jurisdição nacional e em apoio de medidas de manejo oceânico, incluindo áreas marinhas protegidas. A classificação biogeográfica desse relatório pode fornecer uma ferramenta de planejamento para assimilar várias camadas de informação e de extrapolação de dados existentes em grandes "biorregiões" ou províncias (assembleias de flora, de fauna e de fatores ambientais de apoio contidos em limites espaciais distintos, mas dinâmicos). Devemos notar que os limites da classificação biogeográfica podem ser aprimorados ainda mais, uma vez que os dados melhorados, particularmente os biológicos, estejam disponíveis. No entanto, as principais zonas bentônicas e pelágicas apresentadas no relatório são consideradas uma base razoável para o progresso dos esforços para a conservação e o uso sustentável da biodiversidade em áreas marinhas além dos limites da jurisdição nacional, de acordo com uma abordagem preventiva.

Atividades de autoavaliação

1. "A Convenção das Nações Unidas sobre o Direito do Mar (CNUDM) foi assinada em Montego Bay, Jamaica, em 10 de dezembro de 1982. A assinatura da Convenção assinalou a conclusão da Terceira Conferência das Nações Unidas sobre o Direito do Mar, a qual durou de 1973 a 1982" (IHB, 2006, p. 5, tradução nossa)[8]. Com base na citação, assinale verdadeiro (V) ou falso (F) para as seguintes afirmativas:
   - ( ) No campo da Geografia Marinha, a exploração e os experimentos ligados à mudança das águas oceânicas do estado líquido para o estado sólido foram aspectos pouco considerados e de pouca relevância para a Geografia Política.
   - ( ) No campo da Geografia, a natureza de questões jurisdicionais e políticas no oceano tem ganhado notoriedade entre estudiosos da área.
   - ( ) Com base na Convenção das Nações Unidas sobre o Direito do Mar, a Convenção da Plataforma Continental proibiu que os Estados explorassem os recursos não vivos de seus leitos marinhos, bem como distinguiu plataforma continental de leito marinho.
   - ( ) A Convenção das Nações Unidas sobre o Direito do Mar trata de questões como a pesquisa científica marinha, as zonas marítimas tradicionais, a zona econômica exclusiva e outros temas.

---

8. Do original "The United Nations Convention on the Law of the Sea (UNCLOS) was signed at Montego Bay, Jamaica, on 10 December 1982. The signing of the Convention marked the conclusion of the Third United Nations Conference on Law of the Sea which had lasted from 1973-1982" (IHB, 2006, p. 5).

( ) A codificação do Direito do Mar foi resultado da realização de duas conferências que culminaram na Proclamação Truman (1945).

( ) A Proclamação Truman (1945) afirmou a inexistência de direitos dos Estados quanto à plataforma continental.

Assinale a alternativa que corresponde à sequência correta:
a) V, V, F, V, V, F.
b) V, F, V, V, F, V.
c) F, V, F, V, F, F.
d) F, F, V, V, F, V.
e) V, V, V, F, F, F.

2. A Convenção das Nações Unidas sobre o Direito do Mar tem como objetivo a solução de disputas quanto ao controle marítimo, as quais, conforme Owsiak e Mitchel (2017), assumiram majoritariamente as formas geográfica e funcional. Assinale a alternativa que apresenta corretamente as quatro zonas marítimas estipuladas pela Convenção das Nações Unidas sobre o Direito do Mar:

a) Zona contígua, zona econômica exclusiva, segmentos de linha reta e litoral natural.
b) Mar territorial, zona contígua, zona econômica exclusiva e plataforma continental.
c) Mar contíguo, litoral natural, plataforma continental e zona contígua.
d) Mar territorial, zona econômica exclusiva, plataforma continental e segmentos de linha reta.
e) Mar exclusivo, zona econômica contígua, plataforma continental e mar econômico.

3. "O tema da delimitação de fronteiras marítimas precisa de maior atenção dos geógrafos políticos; se eles falharem para agir, os advogados certamente irão" (Alexander, 1986, p. 19, tradução nossa)[9]. Com base na reflexão e no que foi visto no capítulo, assinale verdadeiro (V) ou falso (F) para as seguintes afirmativas:

    ( ) O Estado costeiro exerce soberania ou controle pleno sobre o mar territorial.

    ( ) A zona contígua é uma zona adjacente que se estende para além da zona econômica exclusiva, a mais de 200 milhas marítimas de distância do mar territorial.

    ( ) A zona contígua é adjacente ao mar territorial e se estende a mais de 24 milhas náuticas a partir das linhas de base.

    ( ) A zona econômica exclusiva, área além e adjacente ao mar territorial, não pode ultrapassar 200 milhas náuticas das linhas de base.

    ( ) A plataforma continental é uma área que se estende para além do mar territorial até o limite exterior da margem continental.

    ( ) O mar territorial se estende a uma faixa de mar adjacente com dimensão de até 12 milhas marítimas.

    Indique a alternativa que corresponde à sequência correta:
    a) V, F, V, V, V, V.
    b) V, F, F, V, F, V.
    c) V, F, V, V, F, V.
    d) F, F, V, V, F, F.
    e) V, V, V, V, V, V.

---

9. Do original "The topic of maritime boundary delimitation needs more attention from political geographers; if they fail to act, the lawyers surely will" (Alexander, 1986, p. 19).

4. Os terrenos da Marinha e as áreas adicionais são definidos pela linha média de preamar, medida pelas marés máximas de 1831 (Brasil, 2015). Assinale a alternativa que indica a referência por meio da qual as zonas marítimas são medidas, conforme a Convenção das Nações Unidas sobre o Direito do Mar:
   a) Linhas de base.
   b) Zonas de força.
   c) Zona contígua.
   d) Linhas contíguas.
   e) Praias adjacentes.

5. Ao longo da história, o mar assumiu um papel vital em termos de comércio, de guerra, de poder político, promovendo acordos e arranjos como o Tratado de Tordesilhas (Campos, 2012). Com base nisso e no que foi visto no capítulo, assinale se as afirmativas a seguir são verdadeiras (V) ou falsas (F):
   ( ) O conceito de *Mare Liberum* foi criado por Portugal para desafiar diretamente a Holanda.
   ( ) O conceito de *Mare Liberum* foi consolidado por Hugo Grotius, que defendia o uso comum e a liberdade dos mares.
   ( ) Selden defendia o direito dos Estados de reivindicar direitos soberanos em águas marítimas adjacentes, mas esses Estados deveriam permitir a liberdade de circulação nesses mares.
   ( ) Steinberg (2001) identifica três tipos de construções sociais relacionadas ao padrão de uso dos oceanos.
   ( ) Ryan (2015) entende que o espaço que emerge de uma compreensão pluralista e menos antropocêntrica do espaço marítimo proporciona um contexto de maior insegurança e beligerância.

( ) Lambert, Martins e Ogborn (2006) entendem que o mar permite um modo de pensar que não se restringe às narrativas dirigidas pelo Estado Nacional.

Indique a alternativa que corresponde à sequência correta:
a) V, F, V, F, V, F.
b) F, F, V, F, V, V.
c) F, V, V, V, F, V.
d) V, V, F, V, F, V.
e) F, F, F, F, F, F.

Atividades de aprendizagem

Questões para reflexão

1. De acordo com Campos (2012), o controle do mar é sujeito a disputas, acordos e conceitos históricos, como o Tratado de Tordesilhas e o conceito de *Mare Liberum*. Discorra a respeito dos acontecimentos ou dos aspectos políticos historicamente relacionados à exploração, ao uso e ao controle do mar. Compare esses aspectos ou acontecimentos com a Convenção das Nações Unidas sobre o Direito do Mar.

2. Ao citar o problema da ambiguidade de algumas disposições da Convenção das Nações Unidas sobre o Direito do Mar (CNUDM), bem como ao identificar casos muito difíceis de serem solucionados no oeste do Pacífico, Chiu (1986) apresenta dúvidas quanto à efetividade da CNUDM para solucionar problemas referentes ao Direito do Mar. Identifique e discorra a respeito de algum caso contemporâneo que envolva disputas ou tentativas de controle ou de soberania de regiões marítimas politicamente contestadas.

Atividade aplicada: prática

1. O Brasil ratificou a Convenção das Nações Unidas em 1988. Com isso em perspectiva, pesquise as atividades de extração e de exploração econômica do mar territorial, da zona contígua e da zona econômica exclusiva brasileiras. Se possível, pesquise e apresente a respeito de atividades científicas e de recursos naturais que essas regiões contêm ou podem conter.

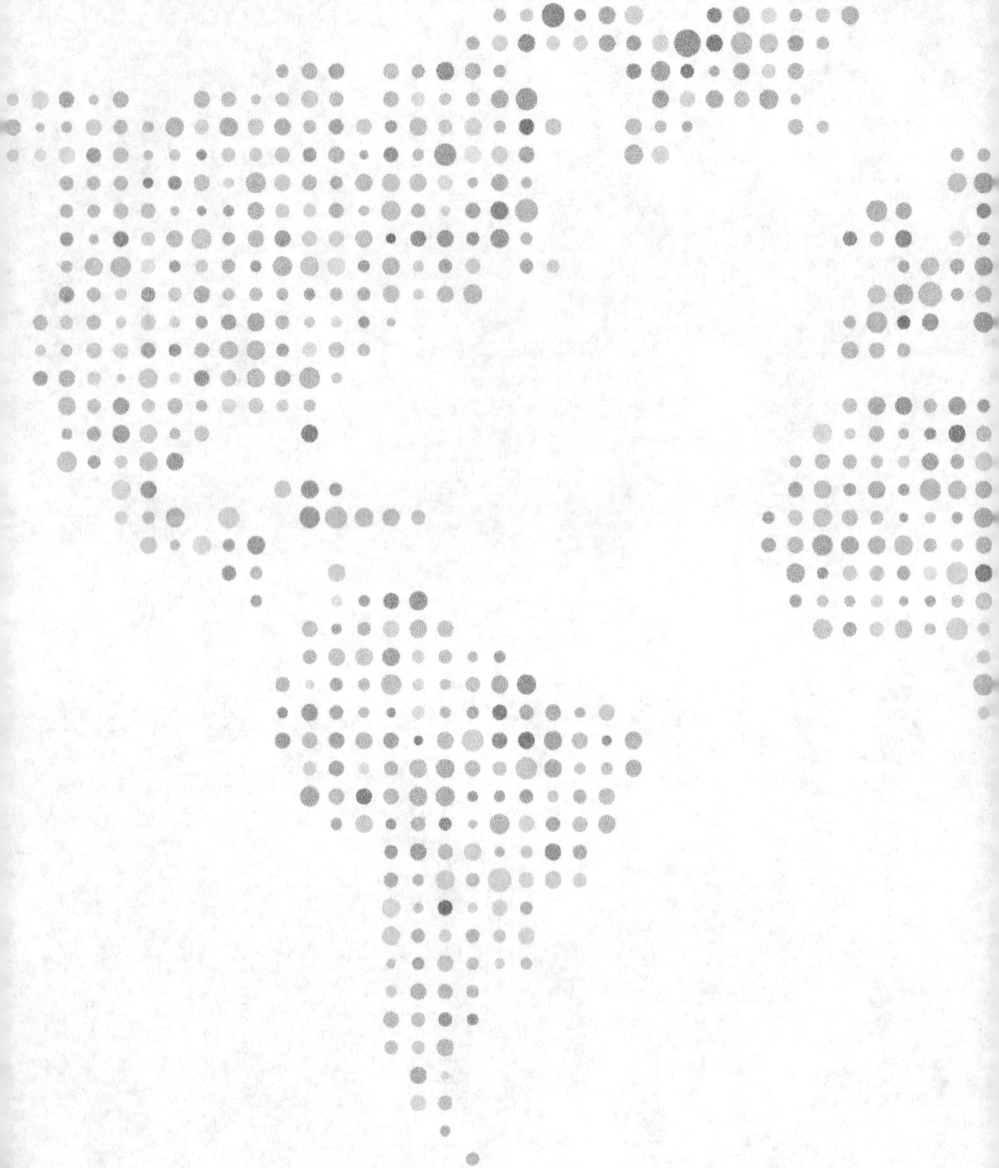

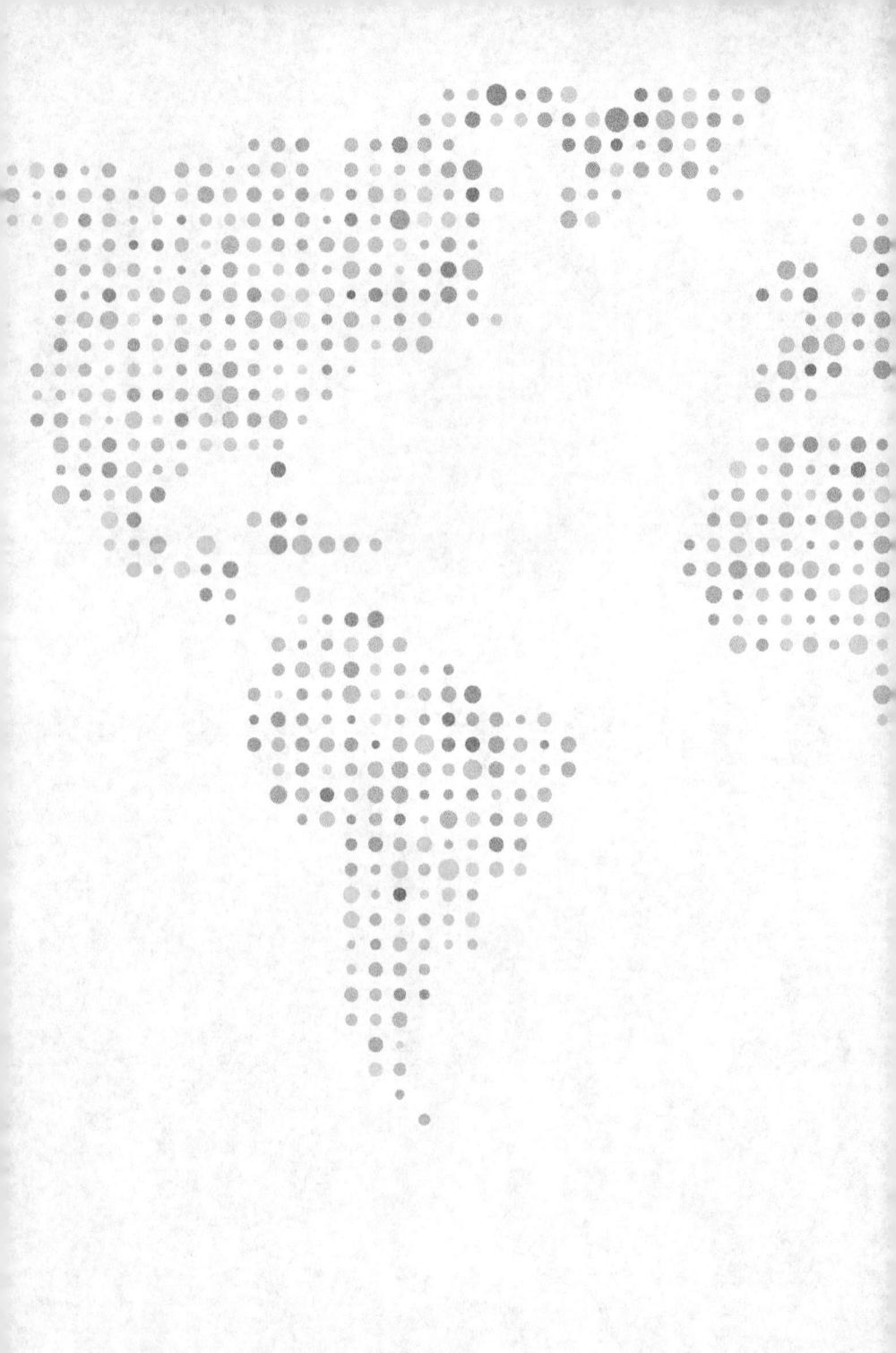

5

Geografia econômica global

As características do espaço econômico mundial no século XXI estão, em geral, associadas à globalização e a como os consumidores estão inseridos no mesmo mercado; o mundo se tornou plano, de acordo com Friedman (2005). Uma análise mais detalhada, no entanto, revela muitos picos e vales no espaço da atividade econômica global. De fato, a distribuição global da riqueza não é plana nem simétrica; pelo contrário, há países muito afluentes e países extremamente pobres[1]. Os cartogramas evidenciam a concentração de riqueza no Atlântico Norte: Europa Ocidental e Estados Unidos.

De modo semelhante, a distribuição das atividades produtivas é extremamente irregular, com localidades específicas sendo responsáveis pela imensa maioria da produção de alguns bens particulares. O Vale do Silício, na Califórnia, por exemplo, concentra a grande parte das indústrias de microeletrônica e de *software* de todo o mundo (Krugman, 1996), enquanto a cidade de Qiaotou, na China, produz 60% da oferta global de botões de vestuário (Rasiah; Kong; Vinanchiarachi, 2011).

O argumento anterior sobre aglomeração produtiva em localidades específicas teve o objetivo de ilustrar o ponto fundamental do capítulo: o espaço é um elemento importante para o entendimento das características da economia global. De fato, a atividade econômica não é distribuída de maneira uniforme no espaço geográfico global; pelo contrário, as assimetrias na distribuição das atividades econômicas podem ser encontradas em vários níveis de análise: a especialização produtiva dos países em atividades produtivas específicas, a concentração de indústrias em localidades particulares e a distribuição desigual da riqueza e da

---

1. Confira a Figura 1 na seção "Anexos", página 235, que ilustra o cartograma de população e produto interno bruto (PIB) mundial (ano-base de 2018).

produção. Essas considerações são objetos de estudo da teoria do comércio internacional e da chamada *Geografia Econômica*: o estudo da "organização espacial dos sistemas econômicos" (Dicken; Lloyd, 1990, p. 50). Ambas representam as bases pelas quais o espaço geográfico global foi analisado neste capítulo.

Sendo assim, este capítulo está estruturado para discutir os fatores que determinam o perfil de distribuição espacial da atividade econômica: em primeiro lugar, no contexto da economia internacional, discutimos a relevância da especialização produtiva e dos ganhos de comércio com base na chamada *teoria ricardiana de comércio internacional*; em segundo lugar, demonstramos qual é o papel e a relevância da teoria gravitacional do comércio na análise da economia global; em terceiro lugar, discutimos os conceitos da nova geografia econômica e como ela permite o entendimento das economias de aglomeração; por fim, descrevemos de que maneira a integração regional e a globalização são entendidas no contexto das teorias de geografia econômica e de comércio internacional. Em particular, demonstraremos uma proposta de regionalização do espaço econômico global, estruturada pelos acordos de comércio vigentes no momento.

5.1 Teoria de comércio internacional ricardiana

O comércio internacional nada mais é do que a compra e a venda de bens e de serviços entre países, o que permite que os países expandam seus mercados para produtos que não estariam disponíveis por não serem produzidos internamente. Ele existe por quatro motivos principais (Krugman; Obstfeld, 2006). O primeiro deles são as diferenças na tecnologia dos países, que detêm diferentes técnicas de produção capazes de transformar os recursos em produtos. A segunda razão é a existência de economias de escala na produção; resumidamente, quanto mais se produz determinado bem, mais barata fica sua produção, que ocorre devido à existência de custos fixos, como máquinas, em que o custo de uso não varia conforme a quantidade produzida. Outro importante motivo são as diferenças nas dotações de recursos; os países diferem em termos de recursos de produção e alguns têm mais recursos naturais, já outros têm força de trabalho mais qualificada. Por último, as diferenças na demanda também são importantes, já que os habitantes dos países têm preferências por bens e serviços diferentes. Assim, o país pode não produzir certos bens ou produzir em quantidade insuficiente, o que torna o comércio internacional uma necessidade.

Todos os países têm vantagens em termos de terra, de mão de obra, de capital, de tecnologia ou de recursos naturais. No momento de definir a produção, as nações têm custos de oportunidade e devem decidir produzir algo em detrimento a outras opções. Portanto, devem alocar recursos em setores nos quais tenham vantagens, o que deve levá-los a produzir de maneira mais eficiente e com menos custos; foi o que concluiu David Ricardo (1985), em 1817, em seu livro *Princípios de economia política e tributação*.

Um exemplo atual que exemplifica essa teoria é a relação dos bens produzidos na China e nos Estados Unidos: a vantagem comparativa da China sobre os Estados Unidos ocorre por aquela ter uma mão de obra barata. Os chineses produzem bens industriais simples com um custo de oportunidade muito menor, já que outras opções de produção poderiam requerer trabalhadores mais qualificados, por exemplo. No outro extremo, a vantagem comparativa dos Estados Unidos é a mão de obra especializada em atividades com grande uso de tecnologia. Portanto, os norte-americanos produzem bens sofisticados com menores custos de oportunidade. O resultado é que os norte-americanos acabam importando produtos simples dos chineses e a China importa produtos mais tecnológicos dos Estados Unidos. A conclusão do modelo é que especializar e negociar beneficia ambas as partes. Sem comércio, os dois países abririam mão de eficiência (tanto de escala quanto de produtividade) para produzir o que importam, caso houvesse comércio.

A teoria ricardiana, portanto, tenta demonstrar que é vantajoso para os países o engajamento no comércio internacional de bens, de modo a explorar suas vantagens comparativas e se especializar nas indústrias em que são mais competitivos. De fato, a abertura comercial é uma tendência marcante do espaço econômico global recente. O Gráfico 5.1 mostra a porcentagem de comércio sobre o Produto Interno Bruto (PIB) e é possível perceber que há uma tendência mundial de aumento das transações internacionais. Entretanto, é notável que o Brasil não acompanhou essas mudanças, mantendo-se praticamente estagnado entre 20% do PIB, nos mesmos patamares de 1960. É também possível notarmos que Brasil e Coreia apresentavam níveis de abertura comercial semelhantes na década de 1960.

Gráfico 5.1 – Porcentagem do comércio (exportações e importações) sobre o PIB

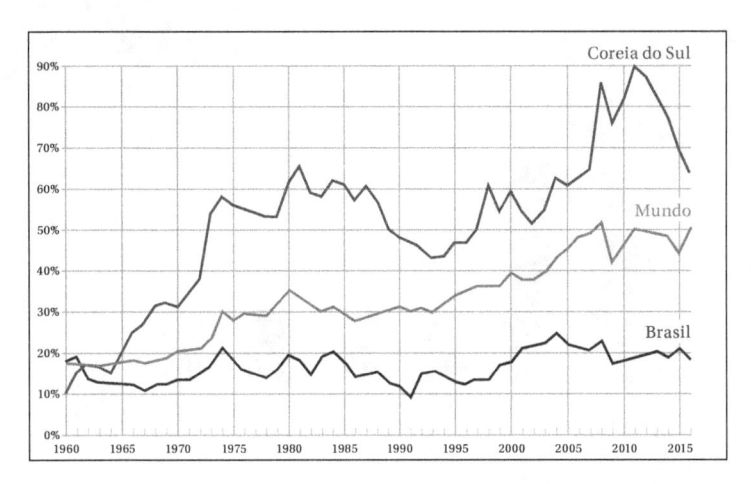

Fonte: The World Bank, 2018.

Entretanto, ao longo do tempo, o país asiático abriu a economia, o que alguns autores, como Tahir e Azid (2015), associam ao crescimento econômico de países em desenvolvimento. Segundo essa corrente de economistas, o comércio internacional abre oportunidades no mercado global, facilita a atualização tecnológica e aumenta a competição nos mercados locais, o que leva a um aumento de produtividade e de eficiência. Além da Coreia, a Índia teve grande liberalização do comércio exterior nas últimas décadas. Como mostrado no Gráfico 5.3, ambos os países tiveram um desempenho melhor do que o Brasil, desde a década de 1980, em termos de elevação da produtividade do trabalhador.

Gráfico 5.2 – Crescimento médio anual da produtividade do trabalho (1980-2009)

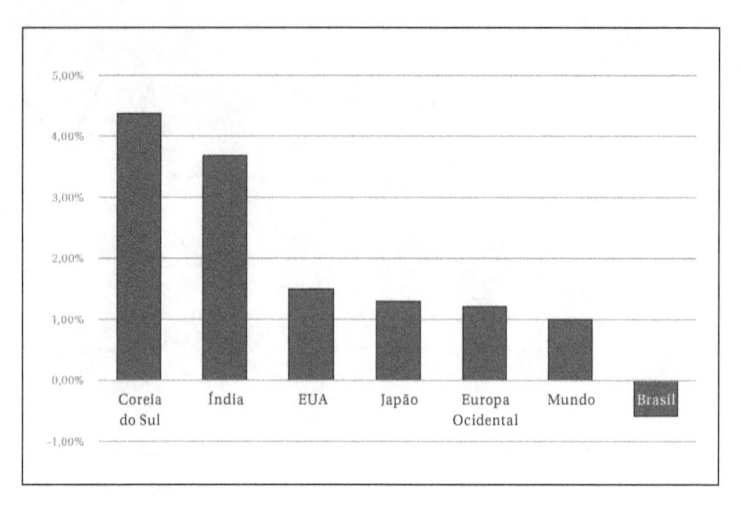

[Gráfico de barras mostrando: Coreia do Sul ~4,3%; Índia ~3,7%; EUA ~1,5%; Japão ~1,3%; Europa Ocidental ~1,2%; Mundo ~1,0%; Brasil ~0%]

Fonte: Elaborado com base em Negri; Cavalcante, 2014, p. 186.

Uma narrativa avançada pelos proponentes da liberalização comercial, portanto, é de que o crescente aumento na produtividade do trabalho, devido à integração comercial, foi o que alavancou a Coreia do Sul, por exemplo, à convergência aos níveis de renda dos países desenvolvidos (Wacziarg; Welch, 2008). A convergência de fato ocorreu. Como o Gráfico 5.3 demonstra, a Coreia do Sul partiu de um nível de PIB *per capita* semelhante ao do Brasil na década de 1980 para um nível próximo à média dos Estados Unidos e do Japão em 2015[2].

---

2. Os dados do PIB *per capita* foram transformados em escala logarítmica a fim de facilitar a visualização.

Gráfico 5.3 – Convergência do PIB *per capita*

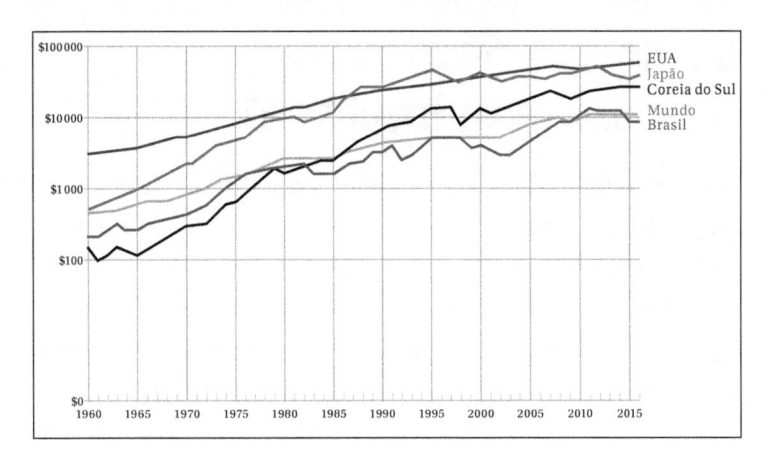

```
                                                    EUA
                                                    Japão
                                                    Coreia do Sul
                                                    Mundo
                                                    Brasil
```

Fonte: The World Bank, 2018.

A avaliação desses dados leva essa corrente de economistas – chamados *economistas de livre mercado* – a serem favoráveis à liberalização das barreiras tarifárias presentes na economia global e da globalização das atividades produtivas como motor de crescimento e de distribuição da riqueza global. Há, no entanto, importantes qualificações a serem feitas a respeito disso. Em particular, as contribuições da nova geografia econômica sobre as assimetrias nos processos produtivos, mas essas considerações serão respondidas mais à frente. Antes disso, a próxima seção discute outra teoria de comércio internacional importante para a compreensão do espaço econômico global: a teoria gravitacional do comércio.

5.2 Com quem se comercializa: modelo gravitacional

Com um mundo cada vez mais aberto ao comércio internacional, poderíamos esperar que, de acordo com as necessidades de cada país, haveria relações comerciais com qualquer outro país do globo. Isso de fato acontece, mas um fator muito importante age e modifica essa premissa: os custos de transporte. O conceito básico é simples: quanto mais longe do destino está o país de origem do produto, mais caro fica o frete da negociação. Um navio transportando produtos chineses para o Brasil tem de percorrer uma distância muito maior do que um produto vindo dos Estados Unidos, por exemplo. Outro ponto muito importante é o tamanho da economia dos outros países. Países com grande economia, como a China e os Estados Unidos, exportam e importam mais produtos do que países com economias menores, mesmo de países com maior renda *per capita*, como a Suíça.

A teoria gravitacional do comércio, elaborada pelo Prêmio Nobel de Economia Jan Tinbergen, junta esses dois fatores para explicar com quem as nações comercializam. O nome é uma analogia clara à teoria da gravidade, da física, em que quanto maior é um corpo e mais próximo está em relação a outro, maior é a força gravitacional que o primeiro aplica no segundo. O mesmo vale para o comércio internacional: quanto maior é a economia de um país e quanto mais próximo esse país se encontra de outro, maior é o fluxo de transações entre esses dois países (Chaney, 2018).

Há, também, formas mais elaboradas da teoria gravitacional que incluem como fatores de "proximidade": as similaridades linguísticas – a facilidade de comunicação pode fortalecer os laços comerciais – e as conexões históricas compartilhadas – por exemplo, relações coloniais (Hutchinson, 2005).

A Figura 5.1 sugere a relevância empírica dessa teoria. Sobre cada território dos países está a bandeira do maior parceiro comercial, medido pelas importações. É possível percebermos claramente que as maiores economias têm grande influência nos países próximos.

Figura 5.1 – Maiores parceiros comerciais de importações

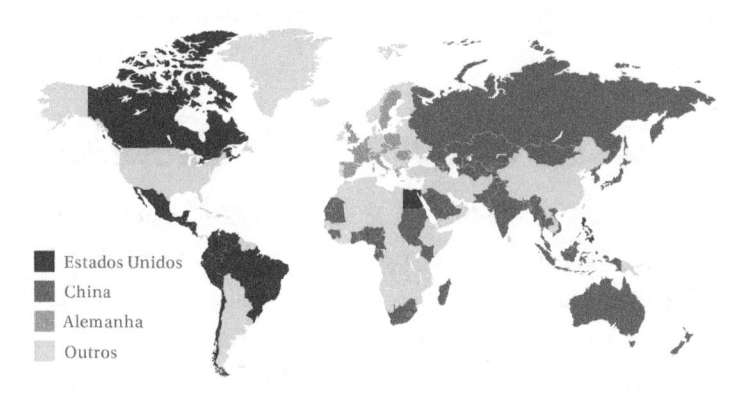

■ Estados Unidos
■ China
■ Alemanha
■ Outros

Fonte: Gopp, 2017.

Os Estados Unidos são o país que mais comercializa[3] com os países da América Latina, a China é o país que mais negocia com países asiáticos e a Alemanha é o maior parceiro comercial dos países europeus. Também é possível percebermos pequenas influências regionais: o Brasil com o Cone Sul, a África do Sul na região sul da África e a Rússia nos países do Leste Europeu. Relações

---

3. Aqui estão sendo medidos os fluxos comerciais de importação. Portanto, quando dizemos que os Estados Unidos são o país que mais comercializa com o Brasil, significa que o volume de produtos importados pelo Brasil com origem nos Estados Unidos é maior do que o volume de produtos oriundos de outros países.

linguísticas e coloniais também exercem influência: Angola com Portugal e Marrocos com França.

A teoria gravitacional, portanto, discorre a respeito dos padrões de comércio internacional entre os países e demonstra de que maneira o espaço influencia esses resultados. A determinação dos fluxos de comércio, nesse contexto, não depende apenas das vantagens comparativas ricardianas, mas também da localização dos países dentro do espaço geográfico global. A importância da geografia na determinação das variáveis econômicas é o ponto-chave para entendermos as aglomerações produtivas.

5.3 Nova Geografia Econômica

Retornando à questão inicial do capítulo, o campo de conhecimento que intenciona analisar a distribuição e a concentração de diferentes atividades econômicas no espaço é a Geografia Econômica. Em particular, nesta seção trataremos, com base na perspectiva da Nova Geografia Econômica, um campo de pesquisa advindo da teoria de comércio internacional que "tenta explicar a formação da aglomeração econômica no espaço geográfico" (Fujita; Krugman, 2004, p. 140).

5.3.1 Especialização *versus* aglomeração produtiva

Em primeiro lugar, é relevante distinguirmos os conceitos de especialização produtiva e de aglomeração produtiva. As seções anteriores, sobre as teorias de comércio internacional, discorreram acerca dos mecanismos que induzem os países a se especializarem em diferentes produtos. A Geografia Econômica, por outro lado, dá maior ênfase à aglomeração de indústrias ou de produtos em localidades geográficas particulares (Brakman; Garretsen; Marrewijk, 2009).

A **especialização** se refere a avaliar se a participação da produção de carros ou roupas de uma localidade, por exemplo, é relativamente grande se comparada com a participação de outras localidades. Os estudos de especialização são uma tentativa de revelar a estrutura econômica de uma região ou de um país (Brakman; Garretsen; Marrewijk, 2009). A **aglomeração**, por sua vez, está preocupada com a questão de se uma atividade econômica específica pode ser encontrada em poucos lugares, seja uma cidade, seja uma região, seja um país. De modo mais formal, as "economias de aglomeração" se referem ao declínio dos custos médios à medida que mais produção ocorre em uma área geográfica específica (Anas; Arnott; Small, 1998). A aglomeração, portanto, favorece os ganhos de escala na produção.

Assim, é relevante discutirmos os mecanismos que ensejam a aglomeração. Uma concentração autossustentada da produção no espaço pode ocorrer se as economias de escala são substanciais e os custos de transporte são pequenos (Krugman, 2009). Desse modo, o espaço econômico pode ser entendido como o resultado do *trade-off* entre os ganhos de escala na produção e os diferentes tipos de custos de mobilidade: a competição por preços e os custos de transporte incentivam a dispersão da produção e do consumo.

Nesse contexto, certos tipos de indústria têm a tendência de se aglomerarem em grandes áreas metropolitanas, onde vendem produtos diferenciados e os custos de transporte são baixos. Isso porque as cidades fornecem uma ampla gama de bens finais e de mercados de trabalho especializados, o que as torna atrativas para consumidores e trabalhadores. Aglomerações, portanto, são o resultado de processos cumulativos que envolvem tanto os lados da demanda quanto da oferta (Ottaviano; Thisse, 2004).

Consequentemente, as características peculiares do espaço econômico global devem ser entendidas como o resultado da interação entre forças de aglomeração e de dispersão. Isso cria as disparidades entre regiões extremamente afluentes, em termos de atividades produtivas e de renda, e as outras regiões extremamente pobres e desprovidas de acesso às cadeias de produção – a assim chamada *dinâmica de centro e periferia* (Krugman, 1991).

5.3.2 Aglomerações produtivas: São Francisco e Qiatou

O Vale do Silício está na baía de São Francisco, na Califórnia, porque, como vimos na seção anterior, a concentração local de muitas empresas de alta tecnologia fornece mercados, um conjunto de trabalhadores dotados de habilidades especializadas e transbordamentos tecnológicos[4] que sustentam a concentração. Mas por que São Francisco e não Nova Iorque?

À primeira vista, os fatores de produção necessários de mão de obra especializada, de capital, de tecnologia e de recursos naturais estão igualmente presentes em ambas as cidades. No entanto, como muitas aglomerações, o Vale do Silício deve sua existência a muitos pequenos acidentes históricos que, tendo ocorrido no "tempo certo", colocaram em movimento um processo cumulativo de crescimento e de economias de escala que tem como resultado a aglomeração (Krugman, 1996). Este é o conceito de dependência do caminho (*path dependence*): pequenas diferenças em

---

4. Investimentos em tecnologia não trazem benefícios apenas para a investidora, mas também para firmas que estejam próximas e que podem aprender e copiar as novas técnicas. Por isso, o investimento em tecnologia pode transbordar. Para mais detalhes, ver Audretsch e Feldman (2004).

condições iniciais podem ter efeitos substanciais em resultados de longo prazo (Krugman, 1996).

Analogamente, Qiatou é responsável por 60% da produção global de botões de vestuário (Rasiah; Kong; Vinanchiarachi, 2011). Era, provavelmente, inevitável que a maior parte dos botões do mundo seria manufaturada em um país com salários baixos, mas não era necessário que esse país tivesse de ser a China e certamente não era necessário que a produção tivesse de se concentrar em uma localização particular dentro da China (Krugman; Obstfeld, 2006). Os mecanismos econômicos das teorias de comércio internacional induzem a China a se especializar na manufatura, mas são os acidentes históricos, em conjunto com a dependência do caminho e os ganhos de escala, que criam as aglomerações produtivas em localidades específicas. Essa discussão ilustra que o padrão de especialização e de comércio entre indústrias com economias de escala é, em muitos casos, a contingência histórica: algo dá a uma localidade particular uma vantagem inicial em uma indústria particular e essa vantagem se reforça pelas economias de escala, mesmo depois que as circunstâncias que criaram essa vantagem não sejam mais relevantes (Krugman, 1996).

Londres, por exemplo, tornou-se o centro financeiro da Europa no século XIX, quando a Grã-Bretanha era a maior economia do mundo e o centro de um império global. A cidade manteve esse papel mesmo com o império já desfeito há décadas e a Grã-Bretanha sendo uma economia de médio porte em relação a outras grandes economias como a China, os EUA, o Japão e a Alemanha (Krugman; Obstfeld, 2006). Uma consequência do papel da história em determinar a localização industrial é, então, que as indústrias nem sempre se situam no lugar mais propício. Uma vez que um país tenha estabelecido uma vantagem em uma indústria, ele pode mantê-la, mesmo que outro país potencialmente consiga produzir os bens de modo mais eficiente e mais barato. Dessa maneira, as forças de acumulação geográfica da riqueza podem prevalecer sobre as forças de dispersão, não existindo tendência, portanto, para a convergência da renda; como consequência, o espaço econômico se torna assimétrico e desigual (Ottaviano; Thisse, 2004).

Assim, a construção teórica da Nova Geografia Econômica tenta demonstrar de que maneira as economias de escala, em conjunto com a dependência do caminho, levam à aglomeração e a dinâmicas de centro e periferia na economia global. De posse dos referenciais teóricos da economia internacional e da Nova Geografia Econômica, a próxima seção discute de que modo podemos entender os padrões de regionalização e de globalização presentes na economia moderna e como eles se relacionam com os conceitos discutidos neste capítulo.

5.4 Globalização e regionalização

A discussão a respeito do comércio internacional e dos ganhos de especialização sugeriu que os ganhos de comércio são fatores importantes para o crescimento da renda dos países. Desse modo, a abertura comercial se tornou uma agenda no contexto das políticas de desenvolvimento econômico dos países. Os movimentos de liberalização comercial são importantes fatores que moldam as características do espaço econômico global.

De fato, como o Gráfico 5.4 demonstra, o volume do comércio internacional tem crescido de maneira substancial nos últimos anos. Cumpre destacarmos que os acordos comerciais começaram a se multiplicar durante a década de 1990, em um resultado direto da queda da União Soviética e da liberalização da economia global que se seguiu depois disso.

Gráfico 5.4 – Volume de comércio global

[Gráfico mostrando o volume de comércio global de 1980 a 2016, com marcações para "Fim da URSS", "Tendência de crescimento do comércio global" e "Crise financeira global"]

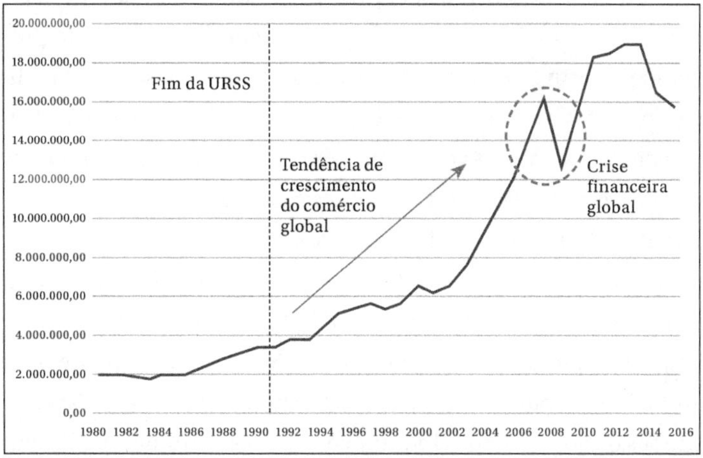

Fonte: Elaborado com base em WTO, 2017.

A crescente integração comercial e o subsequente aumento no volume do comércio, evidenciado pelo Gráfico 5.4 são um dos aspectos da globalização econômica da economia moderna. No entanto, é um fenômeno mais amplo e profundo do que somente a liberalização comercial entre os países.

5.4.1 Globalização

Talvez a característica mais saliente da globalização seja fazer parecer que o mundo se torna menor à medida que os custos de transporte são reduzidos, as barreiras tarifárias desaparecem e a troca de informações se torna mais barata. De modo mais formal, portanto, podemos definir a globalização como a crescente interdependência entre países por meio de um volume crescente de comércio ou uma crescente mobilidade de fatores de produção, tais como pessoas e insumos de produção (Brakman; Garretsen; Marrewijk, 2009).

Assim, a produção, o comércio e os investimentos internacionais estão, cada vez mais, organizados nas chamadas "cadeias globais de valor", por meio das quais diferentes estágios do processo produtivo são localizados em diferentes países. A globalização motiva as companhias a reestruturarem suas operações internacionalmente; as companhias tentam otimizar seu processo produtivo ao localizarem diferentes estágios da produção em diferentes localidades (De Backer; Flaig, 2017).

Um avião da Empresa Brasileira de Aeronáutica (Embraer), uma companhia brasileira de aviação, utiliza fornecedores da Bélgica na produção da fuselagem, da Suíça para o trem de pouso, da França para as portas, do Japão para as asas e dos Estados Unidos para os sistemas hidráulicos e para as turbinas, por exemplo (Poder Aéreo, 2010). As cadeias globais de valor têm se tornado, então, uma característica dominante da economia global. Todo o processo de produção de bens, das matérias-primas até os produtos finais, tem sido cada vez mais levado adiante, de modo que os materiais e as habilidades necessários estão disponíveis em qualidade e custo competitivos (De Backer; Flaig, 2017). Assim, seguindo a discussão sobre comércio internacional no começo do capítulo, as cadeias globais de valor podem ser entendidas como um processo de distribuição e de convergência da riqueza ao longo do espaço geográfico global – como a Coreia do Sul se tornando um país rico ao se abrir ao comércio global.

No entanto, nem todos os países estão amplamente integrados às cadeias globais de valor; portanto, embora a dispersão mais igual da atividade econômica seja possível, como vimos na seção anterior, a abordagem da Geografia Econômica também indica que a globalização e a integração econômica podem implicar um mundo em que há uma crescente disparidade de renda entre países ricos e pobres, de maneira que, devido a reduções nos custos de comércio, as estruturas de centro-periferia se tornam a regra ao invés da exceção (Brakman; Garretsen; Marrewijk, 2009).

5.4.2 Regionalização

A busca pela integração comercial do espaço econômico global e o subsequente ganho de produtividade e de renda que isso em tese traria foi o que motivou a criação da Organização Mundial do Comércio (OMC), organizada em mecanismos multilaterais de negociação para facilitar a abertura comercial. Na prática, entretanto, os acordos multilaterais de comércio – a rodada de Doha, por exemplo – em geral são de negociação muito custosa e em muitos casos não se obtém sucesso. Diante dessa rigidez, buscando a participação nas cadeias globais de valor os países têm, nas últimas décadas, firmado acordos bilaterais e regionais de comércio (Mansfield; Reinhardt, 2003). Isso fica claro na análise do Gráfico 5.5[5].

---

5. O lado direito do eixo vertical mede a quantidade de acordos assinados por ano e o lado esquerdo mede a quantidade acumulada de acordos. Para mais detalhes, ver WTO – World Trade Organization. **The Regional Trade Agreements Information System (RTA-IS)**. 2018. Disponível em: <https://rtais.wto.org/UI/PublicMaintainRTAHome.aspx>. Acesso em: 30 out. 2018.

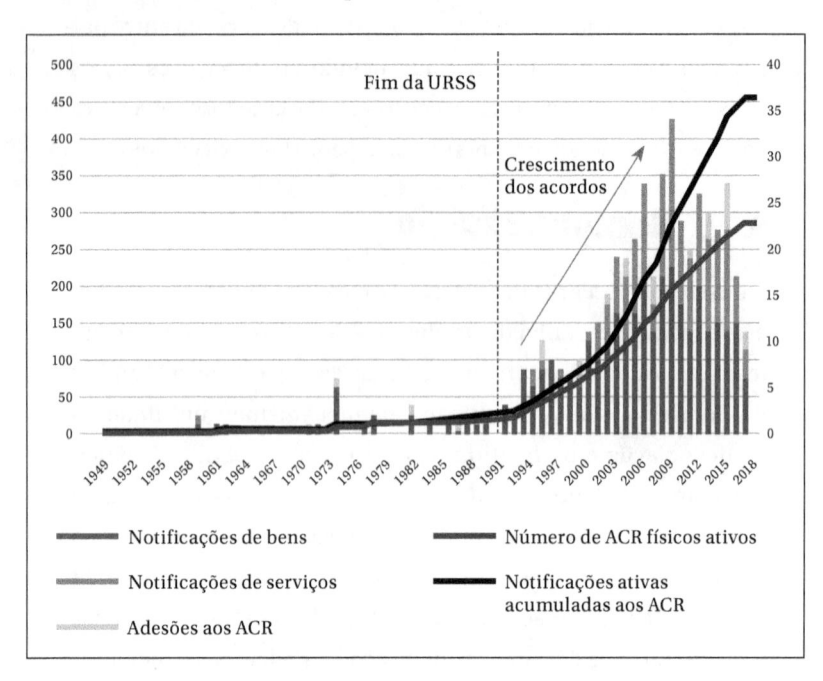

Gráfico 5.5 – Acordos regionais de comércio

[Gráfico mostrando notificações e acordos regionais de comércio entre 1949 e 2018, com indicação de "Fim da URSS" e "Crescimento dos acordos".]

Legenda:
- Notificações de bens
- Notificações de serviços
- Adesões aos ACR
- Número de ACR físicos ativos
- Notificações ativas acumuladas aos ACR

Fonte: Elaborado com base em WTO, 2017.

A estagnação dos acordos multilaterais de comércio, em conjunto com a necessidade dos países em conseguir ganhos de escala e redução de custos de transporte e atrair aglomerações econômicas pode ser uma das explicações para a atual organização do espaço econômico global em blocos regionais, como demonstrado pela Mapa 1 (seção "Anexos", página 236).

A análise da Figura 2 demonstra a presença de acordos regionais em todos os continentes do globo. Em particular, destacam-se a União Europeia, o Acordo de Livre-Comércio da América do Norte (Nafta), a Associação de Nações do Sudeste Asiático (Asean), o Mercosul, a Comunidade Andina (CAN), o acordo Pan-Árabe de comércio e os acordos regionais africanos. Não há, portanto, nenhum continente que não esteja contemplado por alguma espécie de acordo regional de comércio.

Esses acordos regionais podem ser usados como um veículo para promover uma integração mais intensa entre as economias. Em especial para questões em que a OMC não é capaz de lidar de modo multilateral, como no caso das regras trabalhistas, ambientais e do ambiente regulatório e institucional (na União Europeia, por exemplo), em que há uma harmonização de regras entre os países, muito mais abrangente do que simplesmente a liberalização do comércio (Crawford; Fiorentino, 2005).

A liberalização parcial pode ser uma estratégia para países que buscam obter ganhos de comércio em produtos por meio dos quais não podem competir de maneira global. Embora o Brasil não seja um exportador global relevante de manufaturas, exerce uma influência substancial no contexto da América do Sul, por exemplo. Considerações econômicas são apenas alguns dos aspectos relevantes para o surgimento dos acordos regionais de comércio; também incluem considerações a respeito de objetivos de política externa e de segurança.

Os governos podem almejar a consolidação da paz e do aumento da segurança regional com seus vizinhos ou o aumento do poder de barganha em negociações multilaterais ao assegurarem o compromisso em um contexto regional (Crawford; Fiorentino, 2005). Os acordos também podem ser usados para criar novas alianças geopolíticas e consolidar laços diplomáticos, garantindo apoio político ao fornecerem acesso privilegiado a mercados maiores. De fato, a escolha dos parceiros de acordos regionais parece ser, cada vez mais, baseada em questões de segurança, como os países do sudeste asiático se regionalizando em resposta à crescente influência chinesa no continente.

Síntese

O espaço geográfico global é um fator relevante para entendermos a economia moderna. Neste capítulo, buscamos demonstrar essa afirmativa ao abordar alguns aspectos do sistema produtivo moderno, como a especialização produtiva dos países, a aglomeração de atividades produtivas em localidades específicas e a organização das economias em blocos regionais no contexto da globalização e do surgimento de cadeias globais de valor.

Mostramos de que maneira padrões de especialização ditados pelos mecanismos de comércio internacional induzem à abertura e à integração comercial entre os países. O aprofundamento dessa integração econômica no nível global é o que chamamos de *globalização*. Discutiu-se de que modo a teoria da gravitação comercial explica os padrões de comércio por meio do tamanho relativo da economia e de medidas de proximidade, como a distância geográfica e as similaridades culturais e linguísticas entre os parceiros comerciais. Abordamos a construção teórica da Nova Geografia Econômica e como ela utiliza os conceitos de retornos de escala, dependência de caminho e economias da aglomeração para demonstrar o surgimento de concentrações substanciais de produção e de renda em localidades específicas, como o Vale do Silício, e de que modo isso pode criar dinâmicas de centro e periferia na formatação do espaço econômico global.

Discutimos de que modo a busca pela eficiência econômica ensejada pelo comércio internacional e a integração comercial subsequente são dois dos aspectos marcantes da globalização. Em particular, a organização das economias modernas em cadeias globais de valor é uma característica peculiar de uma estrutura produtiva cada vez mais globalizada. Por fim, o expressivo aumento dos acordos regionais de comércio, que ocorreu em paralelo à globalização, pode ser entendido pelas considerações econômicas de ganhos de escala e de produtividade, mas também pelas considerações de segurança nacional e geopolítica, como a necessidade de estabelecer laços diplomáticos mais estreitos com os vizinhos.

Essas considerações ajudam a entender a economia moderna dentro do contexto do espaço geográfico global. De fato, ainda que a globalização produtiva e o encurtamento das diferenças entre as regiões seja um dos aspectos marcantes do século XXI, há assimetrias relevantes na organização da economia moderna, em particular na distribuição mais equânime da riqueza global. O estudo do espaço geográfico é de fundamental importância para a compreensão desses temas.

Indicações culturais

SANTOS, M. **Por uma outra globalização**: do pensamento único à consciência universal. Rio de Janeiro: Record, 2000.

Milton Almeida dos Santos (1926-2001) foi um conceituado geógrafo brasileiro que se tornou renomado por seu trabalho pioneiro em muitos campos da Geografia, em especial a respeito dos países em desenvolvimento. Ele é considerado o pai da chamada Geografia Crítica *no Brasil. Venceu o prêmio internacional de geografia Vautrin Lud, o mais célebre nesse campo.*

O referencial teórico criado por Santos, que resultou na obra indicada, intenciona representar uma teoria alternativa da globalização que não surge da perspectiva dos observadores dos países ricos ocidentais – de onde surgiu esse processo – mas surge, ao contrário, dos atores das localidades que compõem o chamado "Terceiro Mundo" (Melgaço, 2013).

Atividades de autoavaliação

1. As teorias de comércio internacional têm perspectivas orientadas ao desenvolvimento econômico por meio do livre-comércio. Com base nisso e em teorias como a ricardiana, indique se as afirmativas a seguir são verdadeiras (V) ou falsas (F):

    ( ) De acordo com a teoria ricardiana, as nações devem focar os custos de oportunidade, voltando-se para a produção do que lhes confere maiores vantagens comparativas em relação a outros países.

    ( ) Para Ricardo (1985), a alocação de recursos nos setores de maior vantagem comparativa (em relação a outros países) reduz custos e aumenta os ganhos em termos de produtividade e eficiência.

    ( ) O comércio China-EUA é, com base na perspectiva ricardiana, absolutamente desfavorável para os chineses, já que se valem de mão de obra barata para a produção de bens industriais simples.

    ( ) Para os defensores da liberalização do comércio, a integração comercial beneficia diretamente o desenvolvimento econômico dos países. Um exemplo disso seria a integração da Coreia do Sul à economia e ao comércio globais.

    ( ) Para modelos teóricos como o de Ricardo (1985), um país deve priorizar a alocação de recursos e a especialização produtiva para os setores em que tiver menor destaque, de modo a reduzir as importações e adquirir autossuficiência econômica.

    ( ) O caso do comércio China-EUA permite exemplificar o modelo teórico ricardiano de especialização econômica e comercial. Enquanto a vantagem comparativa dos EUA está na tecnologia avançada e na mão de obra especializada, a vantagem chinesa está no baixo custo da mão de obra e na produção de bens industriais simples.

Indique qual alternativa corresponde à sequência correta:

a) V, V, V, V, V, V.
b) V, V, F, V, F, V.
c) F, F, V, F, F, V.
d) F, V, V, V, F, V.
e) V, F, V, F, V, F.

2. O comércio internacional resulta não apenas das vantagens comparativas dos países mas também da localização, especificamente de suas proximidades no espaço geográfico global. Essa afirmativa se assemelha a qual pensamento teórico do comércio internacional?

a) Teoria ricardiana.
b) Teoria gravitacional.
c) Globalização crítica.
d) Teoria da especialização.
e) Marxismo.

3. "Há uma longa tradição intelectual na geografia econômica [...]. Os últimos anos têm, contudo, visto uma considerável aceleração de trabalho, especificamente no desenvolvimento de modelos teóricos referentes à emergência da estrutura espacial" (Krugman, 1996, p. 2, tradução nossa)[6]. Partindo da citação para pensar a relevância do espaço econômico global, indique se as afirmativas a seguir são verdadeiras (V) ou falsas (F):

---

6. Do original "There is a long intellectual tradition in economic geography [...]. The last few years have, however, seen a considerable acceleration of work, especially in the development of theoretical models of the emergence of spatial structure" (Krugman, 1996, p. 2).

( ) As cadeias globais de valor podem ser interpretadas como um processo de distribuição e de convergência da riqueza ao redor do espaço geográfico global.
( ) Um dos mais significativos aspectos da globalização econômica moderna é a integração comercial crescente entre diferentes regiões geográficas do mundo.
( ) A teoria gravitacional do comércio busca demonstrar, por exemplo, que grandes economias (países) e maiores proximidades geográficas tendem a favorecer maiores integrações econômicas e comerciais.
( ) A especialização econômica tem por foco a redução dos custos e o aumento da produção em áreas geográficas específicas, ao passo que a aglomeração produtiva se refere à vantagem comparativa da produção entre diferentes locais e países.
( ) A concentração produtiva autossustentável em um espaço é favorecida por economias de escala substanciais e baixos custos de transporte.
( ) Um exemplo da produção baseada em cadeias globais de valor é a Embraer, cujos componentes para a fabricação de aviões são provenientes de diferentes fornecedores ao redor do mundo.

Assinale a alternativa que corresponde à sequência correta:

a) V, V, V, F, V, V.
b) F, V, V, F, F, V.
c) V, F, V, F, V, F.
d) F, F, V, F, V, F.
e) V, V, V, F, F, F.

4. Wacziarg e Welch (2008) tem na Coreia do Sul um modelo para defender a liberalização e a integração comerciais entre os países como aspecto-chave em seu desenvolvimento. De modo geral, podemos afirmar que o comércio internacional entre os países ocorre, essencialmente, devido a quatro aspectos:
    a) Semelhanças tecnológicas entre os países, economias de escala no consumo interno e afinidade geopolítica plena entre os países.
    b) Especialização produtiva dos países desenvolvidos, diferenças de demanda entre os países, agenda militar comum e economias fechadas ao exterior.
    c) Diferenças tecnológicas entre os países, economias de escala na produção, diferenças nas dotações de recursos e diferenças de demanda entre os países.
    d) Abertura comercial dos países em desenvolvimento, semelhanças tecnológicas e de demanda entre os países.
    e) Agenda militar comum, semelhanças de demanda e economias fechadas ao exterior.

5. "Especificamente, economistas geográficos indagam quais são as forças econômicas que podem sustentar um amplo desequilíbrio na distribuição das atividades econômicas" (Ottaviano; Thisse, 2004, p. 1, tradução nossa[7]). Partindo da citação como reflexão, indique se as afirmativas a seguir são verdadeiras (V) ou falsas (F):

---

7. Do original "Specifically, geographical economics asks what are the economic forces that can sustain a large permanent imbalance in the distributions of economic activities" (Ottaviano; Thisse, 2004, p. 1).

( ) Pode-se afirmar que a Geografia Econômica busca analisar a distribuição e a concentração das atividades econômicas no espaço.
( ) O campo da Geografia Econômica enfatiza a especialização produtiva como mais relevante do que a aglomeração produtiva.
( ) Essencialmente, a aglomeração produtiva em locais específicos decorre de acidentes históricos, de ganhos de escala e de dependência do caminho.
( ) A exemplo da Grã-Bretanha (centro financeiro) e do Vale do Silício (tecnologia de ponta), a Geografia Econômica prova que a dispersão da produção global sempre prevalece diante das forças de acumulação geográfica da riqueza.
( ) Modelos teóricos da globalização, como a perspectiva crítica de Santos (2000), fortalecem a defesa da globalização como um processo plenamente benéfico para os países desenvolvidos e em desenvolvimento.
( ) A perspectiva crítica de Santos (2000) busca compreender os impactos da globalização para a dimensão humana, bem como foca os impactos da globalização para os países em desenvolvimento.

Indique a alternativa que corresponde à sequência correta:
a) V, V, V, F, V, F.
b) V, F, V, V, F, F.
c) V, V, V, F, V, V.
d) V, F, V, F, F, V.
e) V, F, F, F, F, F.

Atividades de aprendizagem

Questões para reflexão

1. Para Hutchinson (2005), os laços linguísticos e históricos e o passado colonial são aspectos relevantes para pensar e promover o comércio internacional. Explique como o fenômeno da globalização promove maior integração econômica e comercial entre países.

2. Santos (2000), em sua teoria crítica da globalização, embora não retratasse esse fenômeno como absolutamente negativo, buscava apresentar uma perspectiva humanista e "terceiro-mundista" da globalização. Exponha possíveis consequências (positivas e negativas) do impacto do processo de globalização nos países em desenvolvimento a partir da perspectiva crítica de Santos (2000).

Atividade aplicada: prática

1. Pesquise os impactos das dinâmicas econômicas internacionais em sua cidade ou em seu estado. Descubra se (e de que maneira) a economia local se integra ao comércio e às atividades produtivas em escala internacional (produtos de exportação, empresas transnacionais, principais parceiros comerciais). Em seguida, compare os resultados de sua pesquisa com as reflexões teóricas adotadas neste capítulo, principalmente aquelas que explicam ou se assemelham ao caso avaliado.

Considerações finais

A presente obra buscou ensejar um olhar interdisciplinar da Geografia com outras tradições científicas, especificamente a Economia, a Oceanografia e as Relações Internacionais. Essa integração de conhecimentos buscou preencher lacunas do conhecimento e apresentar propostas específicas de regionalização do espaço geográfico global. Na Teoria das Relações Internacionais, a escola de Copenhague foi apresentada fornecendo subsídio para a compreensão dos conceitos de anarquia, de capacidades nacionais, de regiões e de regimes, ampliando possibilidades de interpretação acerca do espaço geográfico global. Como consequência foram os complexos regionais de segurança, com cada uma das regiões podendo ser entendida como uma unidade de análise, com variações de autonomia, de segurança, de sobrevivência e de interdependência do sistema.

Na regionalização dos oceanos, apresentamos um resgate epistemológico da Geopolítica Marinha e os desafios para se entender os limites, as fronteiras, a soberania e as dinâmicas diferenciadas das regiões marinhas em relação às regiões continentais. A governança oceânica e a segurança marítima foram abordadas com a Convenção das Nações Unidas para o Direito do Mar, apresentando casos internacionais de disputas, conflitos e reinvindicações contemporâneas de territórios marítimos.

O capítulo sobre economia internacional buscou contribuir para o entendimento do espaço geográfico mundial por meio da exposição de conceitos da teoria da gravitação comercial, da especialização produtiva dos países, da aglomeração de atividades produtivas e da organização das economias, seja em blocos regionais, seja no contexto da globalização. A Nova Geografia

Econômica demonstrou o surgimento de concentrações substanciais de produção e renda em localidades específicas e a criação de dinâmicas de centro e periferia na formatação do espaço econômico global.

Em suma, a obra teve como objetivo contribuir para a ampliação dos aspectos interdisciplinares do espaço geográfico global, integrando temas pouco abordados dentro da disciplina, contribuindo para um olhar mais plural e enriquecedor e auxiliando no desenvolvimento de novas perspectivas e novos entendimentos sobre a regionalização do espaço global.

Referências

ABACC – Agência Brasileiro-Argentina de Contabilidade e Controle de Materiais Nucleares. **Acordo entre a República Federativa do Brasil, a República Argentina, a Agência Brasileiro-Argentina de Contabilidade e Controle de Materiais Nucleares (ABACC) e a Agência Internacional de Energia Atômica (AIEA) para a Aplicação de Salvaguardas**. 13 dez. 1991. Disponível em: <https://www.abacc.org.br/wp-content/uploads/2016/09/Acordo-Quadripartite-portugu%C3%AAs.pdf>. Acesso em: 30 out. 2018.

ACIKGONUL, Y. E. Equitable Delimitation of Maritime Boundaries: the Uncontested Supremacy of Coastal Geography in Case Law. **Political Geography**, v. 15, n. 314, p. 171-196, 1996.

ALEXANDER, L. The Delimitation of Maritime Boundaries. **Political Geography Quarterly**, v. 5, n. 1, p. 19-24, 1986.

ALMEIDA, F. E. A. de. Alfred Thayer Mahan e a geopolítica. **Revista Marítima Brasileira**, Rio de Janeiro, v. 130, n. 4-6, abr./jun. 2010.

ANAS, A.; ARNOTT, R.; SMALL, K. A. Urban Spatial Structure. **Journal of Economic Literature**, v. 36, n. 3, p. 1426-1464, 1998.

ASEAN – Association of Southeast Asian Nations. Disponível em: <http://asean.org>. Acesso em: 30 out. 2018.

AUDRETSCH, D. B.; FELDMAN, M. P. Knowledge Spillovers and the Geography of Innovation. In: HENDERSON, J. V.; THISSE, J. (Ed.). **Handbook of Regional and Urban Economics**. North Holland: Elsevier, 2004. v. 4. p. 2713-2739.

BAROSS, J. A.; HOFFMAN, S. E. Submarine Hydrothermal Vents and Associated Gradient Environments as Sites for the Origin and Evolution of Life. **Origins of Life and Evolution of the Biosphere**, v. 15, n. 4, p. 327-345, Dec. 1985.

BAYLIS, J.; SMITH, S.; OWENS, P. **The Globalization of World Politics**: an Introduction to International Relations. United Kingdom: Oxford University Press, 2014.

_____. _____. New York: Oxford University Press, 2011.

BEAR, C.; EDEN, S. Making Space for Fish: the Regional, Network and Fluid Spaces of Fisheries Certification. **Social & Cultural Geography**, v. 9, n. 5, p. 487-504, 2008.

BEERY, J. Unearthing Global Natures: Outer Space and Scalar Politics. **Political Geography**, n. 55, p. 92-101, 2016.

BRAKMAN, S.; GARRETSEN, H.; MARREWIJK, C. V. **The New Introduction to Geographical Economics**. Cambridge: Cambridge University Press, 2009.

BRASIL. Ministério do Planejamento, Desenvolvimento e Gestão. **O que é a Linha do Preamar Médio (LPM)?** Brasília, 22 maio 2015. Disponível em: <http://www.planejamento.gov.br/servicos/faq/patrimonio-da-uniao/terrenos-de-marinha/o-que-e-a-linha-do-preamar-medio-lpm>. Acesso em: 30 out. 2018.

BRAVENDER-COYLE, P. **The Emerging Legal Principles and Equitable Criteria Governing the Delimitation of Maritime Boundaries between States**. Clayton: Monash University, 2009.

BRAVENDER-COYLE, P. The Emerging Legal Principles and Equitable Criteria Governing the Delimitation of Maritime Boundaries between States. **Ocean Development and International Law**, v. 19, n. 3, p. 171-227, 1988.

BULL, H. **A sociedade anárquica**: um estudo da ordem na política mundial. Brasília: Ed. da UnB, 2002.

BUZAN, B. **People, States and Fear**: an Agenda for International Security Studies in the Post-Cold War Era. 2nd Ed. Hemel Hemstead: Harverster Wheatsheaf, 1991.

BUZAN, B. **People, State and Fear**: The National Security Problem in International Relations. University of North Carolina Press, 1983.

BUZAN, B.; RIZVI, G. (Ed.). **South Asian Insecurity and the Great Powers**. London: Macmillan, 1986.

BUZAN, B.; WAEVER, O. Framing Nordic Security: Scenarios for European Security in the 1990s and Beyond. In: ØBERG, J. (Ed.). **Nordic Security in the 1990's**: Options in the Changing Europe. London: Pinter, 1998a. p. 85-104.

_____. **Liberalism and Security**: the Contradictions of the Liberal Leviathan. Copenhagen: Copenhagen Peace Research Institute, 1998b.

BUZAN, B.; WAEVER, O. **Regions and Powers**: the Structure of International Security. Cambridge: Cambridge University Press, 2003.

CADA VEZ MENOS migrantes na rota dos Bálcãs têm chance na UE. **Deutsche Welle**, 7 fev. 2016. Disponível em: <http://www.dw.com/pt-br/cada-vez-menos-migrantes-na-rota-dos-b%C3%A1lc%C3%A3s-t%C3%AAm-chance-na-ue/a-19032561>. Acesso em: 30 out. 2018.

CAMPOS, F. Tratado de Tordesilhas. In: MAGNOLI, D. (Org.). **História da paz**: os tratados que desenharam o planeta. 2. ed. São Paulo: Contexto, 2012. p. 45-68.

CANDEAS, A. W. Relações Brasil-Argentina: uma análise dos avanços e recuos. **Revista Brasileira de Política Internacional**, v. 48, n. I, p. 178-213, 2005.

CARLSON, J. D. et al. Scramble for the Arctic: Layered Sovereignty, UNCLOS, and Competing Maritime Territorial Claims. **Review of International Affairs**, v. 33, n. 2, p. 21-43, 2013.

CASTRO, I. E. de; GOMES, P. C. da C.; CORRÊA, R. L. **Geografia**: conceitos e temas. Rio de Janeiro: Bertrand Brasil, 2010.

CHANEY, T. The Gravity Equation in International Trade: an Explanation. **Journal of Political Economy**, v. 126, n. 1, p. 150-177, 2018.

CHIU, H. Political Geography in the Western Pacific after the Adoption of the 1982 United Nations Convention on the Law of the Sea. **Political Geography Quarterly**, v. 5, n. 1, p. 25-32, 1986.

CRAWFORD, J.-A.; FIORENTINO, R. V. The Changing Landscape of Regional Trade Agreements. **Discussion Paper**, Geneva, n. 8, 2005.

DA POZZO, C. Laws of the Sea: Toward a New Marine Geography. **Marine Pollution Bulletin**, v. 18, n. 7, p. 376-377, 1987.

DAS, R. C. **Handbook of Research on Military Expenditure on Economic and Political Resources**. Hershey: IGI Global, 2018.

DE BACKER, K.; FLAIG, D. The Future of Global Value Chains. **OECD Science Technology and Innovation Policy Paper**, Paris, n. 41, Sep. 2017. Disponível em: <https://www.oecd.org/sti/ind/policy-note-future-of-global-value-chains.pdf>. Acesso em: 30 out. 2018.

DICKEN, P.; LLOYD, P E. **Location in Space**: Theoretical Perspectives in Economic Geography. Englewood Cliffs: Prentice Hall, 1990.

DODDS, K.; BENWELL, M. C. More Unfinished Business: the Falklands/Malvinas, Maritime Claims, and the Spectre of Oil in the South Atlantic. **Environment and Planning D: Society and Space**, v. 28, n. 4, p. 571-580, 2010.

ELDEN, S. Secure the Volume: Vertical Geopolitics and the Depth of Power. **Political Geography**, v. 34, p. 35-51, 2013.

EUROPEAN COMISSION. **Eurostat. Database**. Disponível em: <http://ec.europa.eu/eurostat/data/database>. Acesso em: 30 out. 2018.

EUROPEAN COMISSION. **Schengen Agreement Members and Nonmembers**. 2015. Disponível em: <https://static1.squarespace.com/static/581a35bf9f745674443c98b1/t/59980deea5790abbff3ca04f/1503137276093/screw_the_average_schengen_map.JPG>. Acesso em: 30 out. 2018.

EUROPEAN UNION. **Countries**. 2018. Disponível em: <https://europa.eu/european-union/about-eu/countries_en#28 members>. Acesso em: 30 out. 2018.

FRIEDMAN, T. **The World is Flat**: a Brief History of the Twenty-First Century. New York: Farrar, Straus, and Giroux, 2005.

FUJITA, M.; KRUGMAN, P. The New Economic Geography: Past, Present and the Future. **Papers in Regional Science**, v. 83, n. 1, p. 139-164, 2004.

GERHARDT, H. et al. Contested Sovereignty in a Changing Artic. **Annals of the Association of American Geographers**, v. 100, n. 4, 2010.

GERMOND, B.; GERMOND-DURET, C. Ocean Governance and Maritime Security in a Placeful Environment: the Case of the European Union. **Marine Policy**, v. 66, p. 124-131, 2016.

GLASSNER, M. Recent Contributions of the United Nations to Political Geography. **Political Geography**, v. 13, n. 6, p. 559-567, Nov. 1994.

GOMES, P. C. da C. O conceito de região e sua discussão. In: CASTRO, I. E. de; GOMES, P. C. da C.; CORRÊA, R. L. **Geografia**: conceitos e temas. 2. ed. Rio de Janeiro: Bertrand Brasil, 2010. p. 49-76.

GOODLEY, S. Shell Presses Ahead with World's Deepest Offshore Oil Weil. **The Guardian**, May 8th 2013. Disponível em: <https://www.theguardian.com/business/2013/may/08/shell-deepest-offshore-oil-well>. Acesso em: 30 out. 2018.

GOPP, P. **Origem das mercadorias**: quem compra de quem? 3 nov. 2017. Disponível em: <https://www.thomsonreuters.com.br/pt/tax-accounting/comercio-exterior/blog/origem-das-mercadorias-quem-compra-de-quem.html>. Acesso em: 30 out. 2018.

GORDILLO, G. **The Oceanic Void**: the Eternal Becoming of Liquid Space. Space and Politics, Aquatic Syndicate, 2014.

GUINDO, M. G.; MARTÍNEZ, G.; GONZÁLEZ, V. La guerra híbrida: nociones preliminares y su repercusión en el planeamiento de los países y organizaciones occidentales. **Documento de Trabajo del Instituto Español de Estudios Estratégicos**, Granada, p. 1-36, 15 fev. 2015. Disponível em: <http://www.ieee.es/Galerias/fichero/docs_trabajo/2015/DIEEET02-2015_La_Guerra_Hibrida_GUindo_Mtz_Glez.pdf> Acesso em: 30 out. 2018.

HOBSBAWM, E. **Era dos extremos**: o breve século XX (1914-1991). São Paulo: Companhia das Letras, 1995.

HOFFMAN, F. **Conflicts in the 21st Century**: the Rise of Hybrid Wars. Arlington: Potomac Institute for Policy Studies, 2007.

HOUSE, J. War, Peace and Conflict Resolution: Towards an Indian Ocean Model. **Transactions, Institute of British Geographers**, v. 9, n. 1, p. 3-21, 1984.

HUTCHINSON, W. K. "Linguistic Distance" as a Determinant of Bilateral Trade. **Southern Economic Journal**, v. 72, n. 1, p. 1-15, 2005.

IBGE – Instituto Brasileiro de Geografia e Estatística. Blocos Econômicos: 2015. **Atlas Escolar**, 2015. Disponível em: <https://atlasescolar.ibge.gov.br/images/atlas/mapas_mundo/mundo_blocos_economicos_1.pdf>. Acesso em: 30 out. 2018.

IHB – International Hydrographic Bureau. A Manual on Technical Aspects of the United Nations Convention on the Law of the Sea: 1982. **Special Publication**, Monaco, 4th Ed., n. 51, 2006.

KASTRISIOS, C.; TSOULOS, L. A Cohesive Methodology for the Delimitation of Maritime Zones and Boundaries. **Ocean & Coastal Management**, n. 130, p. 188-195, 2016.

KEOHANE, R. O. **After Hegemony**: Cooperation and Discord in the World Political Economy. New Jersey: Princeton University Press, 2005.

KEOHANE, R. O. **Power and Governance in a Partially Globalized World**. London: Routledge, 2002.

_____. Twenty Years of Institutional Liberalism. **International Relations**, v. 26, n. 2, 2012.

KEOHANE, R. O.; NYE, J. S. **Power and Interdependence**. 3. ed. Cambridge: Library of Congress Cataloging-in-Publication Data, 2001.

_____. Power and Interdependence Revisited. **International Organization**, v. 41, n. 4, p. 725-753, 1987.

KLIOT, N. Cooperation and Conflicts in Maritime Issues in the Mediterranean Basin. **GeoJournal**, v. 18, n. 3, p. 263-272, Apr. 1989.

KRASNER, S. Causas estruturais e consequências dos regimes internacionais: regimes como variáveis intervenientes. **Revista de Sociologia e Política**, Curitiba, v. 20, n. 42, p. 93-110, jun. 2012.

KRUGMAN, P. How the Economy Organizes Itself in Space: a Survey of the New Economic Geography. **Working Papers**, v. 4, n. 21, 1996.

KRUGMAN, P. Increasing Returns and Economic Geography. **Journal of Political Economy**, v. 99, n. 3, p. 483-499, 1991.

KRUGMAN, P. The Increasing Returns Revolution in Trade and Geography. **American Economic Review**, v. 99, n. 3, p. 561-571, 2009.

KRUGMAN, P. R.; OBSTFELD, M. **International Economics**: Theory and Policy. Reading: Addison-Wesley, 2006.

LAMBERT, D.; MARTINS, L.; OGBORN, M. Currents, visions and voyages: historical geographies of the sea, **Journal of Historical Geography**, v. 32, n. 3, p. 479-493, July 2006.

LAW, J.; MOL, A. Situating Technoscience: an Inquiry into Spatialities. **Environment and Planning**, v. 19, n. 5, p. 609-621, 2001.

LIMA, M. R. S. de. et al. **Atlas da política brasileira de defesa**. Rio de Janeiro: Latitude Sul, 2017.

MAGNOLI, D. (Org.). **História da paz**: os tratados que desenharam o planeta. 2. ed. São Paulo: Contexto, 2012.

MANSFIELD, E. D.; REINHARDT, E. Multilateral Determinants of Regionalism: the Effects of GATT/WTO on the Formation of Preferential Trading Arrangements. **International Organization**, 57, n. 4, p. 829-862, 2003.

MARKOVA, K. K. **Soviet Geography/Marine Geography**. Vladivostok: Institute of Geography, 2014.

MARTIN, W. et al. Hydrothermal Vents and the Origin of Life. **Nature Reviews Microbiology**, v. 6, n.11, p. 805-814, Oct. 2008.

MATECHIK, M. **Displacing Santa**: Russia Claims the North Pole. Oct. 12th 2015. Disponível em: <https://ubaltciclfellows.wordpress.com/category/arctic-ocean/>. Acesso em: 30 out. 2018.

MELGAÇO, L. Security and Surveillance in Times of Globalization: an Appraisal of Milton Santos' Theory. **International Journal of E-Planning Research**, v. 2, n. 4, p. 1-12, 2013.

MILLER, P. N. (Ed.). **The Sea**: Thalassography and Historiography. Ann Arbor: University of Michigan Press, 2013.

MORAES, A. C. R. **Geografia**: pequena história crítica. 21. ed. São Paulo: Annablume, 2007.

NATIONAL GEOGRAPHIC. Earth Under Water. 2018. Disponível em: <https://www.youtube.com/watch?v=6Y7CG-dAeRI>. Acesso em: 30 out. 2018.

NATO – North Atlantic Treaty Organization. **NATO on the Map**. Disponível em: <https://www.nato.int/nato-on-the-map/#lat=55.18207388452402&lon=4.085927774999969&zoom=0&layer-1>. Acesso em: 30 out. 2018.

NEGRI, F. de; CAVALCANTE, L. R. Os dilemas e os desafios da produtividade no Brasil. In: ____. (Org.). **Produtividade no Brasil**: desempenho e determinantes. Brasília: Ipea, 2014. v. 1. p. 15-51.

NOGUEIRA, J. P.; MESSARI, N. **Teoria das Relações Internacionais**: correntes e debates. Rio de Janeiro: Elsevier, 2005.

OTTAVIANO, G.; THISSE, J.-F. Agglomeration and Economic Geography. In: HENDERSON, J. V.; THISSE, J. (Ed.). **Handbook of Regional and Urban Economics**. North Holland: Elsevier, 2004. p. 2563-2608. v. 4.

OWSIAK, A.; MITCHELL, S. Conflict Management in Land, River, and Maritime Claims. **Political Science Research and Methods**, p. 1-19, 2017.

PETERS, K.; STEINBERG, P. Volume and Vision: Fluid Frames of Thinking Ocean Space. **Harvard Design Magazine**, v. 35, p. 124-129, 2014.

PICCOLLI, L.; MACHADO, L.; MONTEIRO, V. F. A guerra híbrida e o papel da Rússia no conflito sírio. **Revista Brasileira de Estudos de Defesa**, v. 3, n. 1, p. 189-203, jan./jun. 2016.

PODER AÉREO. **Embraer**: parceiros de risco da família EMB-170/190. 7 dez. 2010. Disponível em: <http://www.aereo.jor.br/2010/12/07/embraer-parceiros-de-risco-da-familia-emb-170190>. Acesso em: 30 out. 2018.

PRESCOTT, J. R. V. **The Political Geography of the Oceans**. New York: John Wiley & Sons, 1975.

RASIAH, R.; KONG, X.-X.; VINANCHIARACHI, J. Moving up in the Global Value Chain in Button Manufacturing in China. **Asia Pacific Business Review**, v. 17, n. 2, p. 161-174, 2011.

REPUBLIC OF KOREA. **2016 Defense White Paper**. Seul: Ministry of National Defense, 2016. Disponível em: <http://www.mnd.go.kr/user/mndEN/upload/pblictn/PBLICTNEBOOK_201705180357180050.pdf>. Acesso em: 30 out. 2018.

REPUBLIC OF KOREA. Military and Security Developments Involving the Democratic People's Republic of Korea. **Report to Congress**, 2015. Disponível em: <https://www.defense.gov/Portals/1/Documents/pubs/Military_and_Security_Developments_Involving_the_Democratic_Peoples_Republic_of_Korea_2015.PDF>. Acesso em: 30 out. 2018.

RIBEIRO, W. C. Globalização e geografia em Milton Santos. **Scripta Nova**: Revista Electrónica de Geografía y Ciências Sociales, Barcelona, v. 6, n. 124, 2004.

RICARDO, D. **Princípios de economia política e tributação**. São Paulo: Nova Cultural, 1985.

ROACH, J. A.; SMITH, R. **Excessive Maritime Claims**. 3. Ed. The Hague: Martinus Nijhoff, 2012. (Publications on Ocean Development).

ROMANO, R. Paz de Westfália. In: MAGNOLI, D. (Org.). **História da paz**: os tratados que desenharam o planeta. 2. ed. São Paulo: Contexto, 2012. p. 69-91.

ROSENNE, S. Geography in International Boundary-Making. **Political Geography**, v. 15, n. 3-4, p. 319-334, March-April 1996.

RÚSSIA pode posicionar mísseis em Kaliningrado se EUA actualizarem armas na Alemanha. **TPA**, 23 set. 2015. Disponível em: <http://tpa.sapo.ao/noticias/internacional/russia-pode-posicionar-misseis-em-kaliningrado-se-eua-actualizarem-armas-na-alemanha>. Acesso em: 30 out. 2018.

RYAN, B. J. Security Spheres: a Phenomenology of Maritime Spatial Practices. **Sage Journals**, v. 46, n. 6, 2015.

SAHA, S. Principle of Delimitation of Continental Shelf Areas between States. **The International Law Annual**, p. 119-124, 2013.

SANTOS, M. **Por uma outra globalização**: do pensamento único à consciência universal. Rio de Janeiro: Record, 2000.

SARFATI, G. **Teoria de Relações Internacionais**. São Paulo: Saraiva, 2005.

SAYRE, R. G. et al. A Three-Dimensional Mapping of the Ocean Based on Environmental Data. **Oceanography**, v. 30, n. 1, p. 90-103, 2017.

SCHOFIELD, C. et al. From Disputed Waters to Seas of Opportunity: Overcoming Barriers to Maritime Cooperation in East and Southeast Asia. **The National Bureau of Asian Research**, July 2011.

SCMP GRAPHICS. 2015. Disponível em: <https://cdn1.scmp.com/sites/default/files/2015/05/30/south-china-sea-map-back-page-full.png>. Acesso em: 17 jan. 2018.

SEMPLE, E. C. Oceans and Enclosed Seas: a Study in Anthropo-Geography. **Bulletin of the American Geographical Society**, v. 40, n. 4, p. 193-209, 1908.

SIPRI – Stockholm International Peace Research Institute. 2018. Disponível em: <https://www.sipri.org>. Acesso em: 30 out. 2018.

SOUZA, J. M. de. Mar territorial, zona econômica exclusiva ou plataforma continental? **Revista Brasileira de Geofísica**, São Paulo, v. 17, n. 1, mar. 1999.

STEINBERG, P. E. Navigating to Multiple Horizons: Toward a Geography of Ocean-Space. **The Professional Geographer**, v. 51, n. 3, p. 366-375, 1999.

____. **The Social Construction of the Ocean**. Cambridge: Cambridge University Press, 2001.

STEINBERG, P.; PETERS, K. Wet Ontologies, Fluid Spaces: Giving Depth to Volume through Oceanic Thinking, **Environment and Planning D**: Society and Space, v. 33, n. 2, p. 247-264, Apr. 1st 2015.

STRATFOR. **Decade Forecast**: 2015-2025. Feb. 23rd 2015. Disponível em: <https://worldview.stratfor.com/forecast/decade-forecast-2015-2025>. Acesso em: 30 out. 2018.

SYMONDS, P.; ALCOCK, M.; FRENCH, C. Setting Australia's Limits: Understanding Australia's Marine Jurisdiction, **AusGeo News**, v. 93, Mar. 2009. Disponível em: <http://www.ga.gov.au/webtemp/image_cache/GA13589.pdf>. Acesso em: 30 out. 2018.

TAHIR, M.; AZID, T. The Relationship between International Trade Openness and Economic Growth in the Developing Economies: Some New Dimensions. **Journal of Chinese Economic and Foreign Trade Studies**, v. 8, n. 2, p. 123-139, 2015.

THE WORLD in 2016. **Views of the World**, May 11th 2016. Disponível em: <http://www.viewsoftheworld.net/?p=4822>. Acesso em: 30 out. 2018.

TRIBUNAL rejects Beijing claims on South China Sea. **The Wall Street Journal**. July 12th 2016. Disponível em: <https://1.bp.blogspot.com/-3wy7awV1wa0/V4aB-WvYUMI/AAAAAAAARs/OD8cugJBnd8OBlzDDgNf09yamkP7sEC-QCLcB/s1600/Tribunal%2Brejects%2BBeijing%25E2%2580%2599s%2Bclaims%2Bon%2BSouth%2BChina%2BSea.jpg>. Acesso em: 30 out. 2018.

THE WORLD BANK. World Development Indicators Database. **Merchandise trade (% of GDP)**. 2018. Disponível em: <https://data.worldbank.org/indicator/TG.VAL.TOTL.GD.ZS?view=map>. Acesso em: 9 mar. 2018.

UNCTAD – United Nations Conference on Trade and Development. **The Oceans Economy**: Opportunities and Challenges for Small Island Developing States. New York; Geneva: United Nations, 2014a. Disponível em: <http://unctad.org/en/PublicationsLibrary/ditcted2014d5_en.pdf>. Acesso em: 31 out. 2018.

UNCTAD – United Nations Conference on Trade and Development. **Review of Maritime Transport 2013**. New York; Geneva: United Nations, 2013. Disponível em: <http://unctad.org/en/publicationslibrary/rmt2013_en.pdf>. Acesso em: 31 out. 2018.

UNCTAD – United Nations Conference on Trade and Development. **Review of Maritime Transport 2014**. New York; Geneva: United Nations, 2014b. Disponível em: <http://unctad.org/en/PublicationsLibrary/rmt2014_en.pdf>. Acesso em: 31 out. 2018.

USA – United States of America. **Military and Security Developments Involving the Democratic People's Republic of Korea**: Report to Congress. Washington: Office of the Secretary of Defense, 2015. Disponível em: <https://www.defense.gov/Portals/1/Documents/pubs/Military_and_Security_Developments_Involving_the_Democratic_Peoples_Republic_of_Korea_2015.PDF>. Acesso em: 31 out. 2018.

VALLEGA, A. Ocean Geography *vis-à-vis* Global Change and Sustainable Development. **The Professional Geographer**, v. 51, n. 3, p. 400-414, 1999.

VISBECK, M. et al. Establishing a Sustainable Development Goal for Oceans and Coasts to Face the Challenges of Our Future Ocean. **Kiel Working Papers**, n. 1847, June 2013.

WACZIARG, R.; WELCH, K. H. Trade Liberalization and Growth: New Evidence. **The World Bank Economic Review**, v. 22, n. 2, p. 187-231, 2008.

WALTZ, K. N. **O homem, o Estado e a guerra**: uma análise teórica. São Paulo: M. Fontes, 2004.

_____. **Teoria das Relações Internacionais**. Lisboa: Gradiva, 2002. (Coleção Trajectos, v. 50).

_____. **Theory of International Politics**. Reading: Addison-Wesley, 1979.

WENDT, A. **Social Theory of International Politics**. New York: Cambridge University Press, 1999.

WENDT, A. Why a World State is Inevitable. **European Journal of International Relations**, London, v. 9, n. 4, p. 491-542, 2003.

WHITE, C.; COSTELLO, C. Close the High Seas to Fishing? **PLOS Biology**, v. 12, n. 3, Mar. 25th 2014. Disponível em: <https://journals.plos.org/plosbiology/article?id=10.1371/journal.pbio.1001826>. Acesso em: 29 out. 2018.

WTO – World Trade Organization. **Recent Developments in Regional Trade Agreements**. July-December 2017. Disponível em: <https://www.wto.org/english/tratop_e/region_e/rtajun-dec17_e.pdf>. Acesso em: 30 out. 2018.

ZAHREDDINE, D.; TEIXEIRA, R. C. A ordem regional no Oriente Médio 15 anos após os atentados de 11 de setembro. **Revista de Sociologia e Política**, v. 23, n. 53, p. 71-98, mar. 2015.

Bibliografia comentada

BHAGWATI, J. **Em defesa da globalização**: como a globalização está ajudando ricos e pobres. Rio de Janeiro: Campus, 2004.

Bhagwati, um economista indiano, argumenta em favor da globalização como ferramenta de promoção de riqueza e de bem-estar tanto em países ricos quanto em países pobres. Para o autor, a globalização é parte da solução e não pode ser entendida como um problema. O livro é recomendado para estudantes que desejam ter acesso a um argumento favorável à globalização.

FRIEDMAN, T. L. **O mundo é plano**: uma breve história do século XXI. São Paulo: Companhia das Letras, 2014.

O livro de Friedman ajuda a compreender situações complexas de economia e de política internacional que surgem no contexto da crescente globalização que caracteriza o século XXI. Em particular, o autor discute de que modo os países, as sociedades e as pessoas devem se adaptar à nova realidade de um mundo mais plano. É um livro fundamental para quem pretende entender mais a respeito de globalização.

KRUGMAN, P. R.; OBSTFELD, M.; MELITZ, M. J. **Economia internacional**. Madrid: Pearson Education, 2001.

A obra de Krugman, Obstfeld e Melitz é o principal texto sobre comércio internacional, geografia econômica e finanças internacionais. Os autores apresentam uma introdução aos principais assuntos abordados na área tanto nos aspectos teóricos quanto nos aspectos de políticas públicas. É uma leitura recomendada para os estudantes interessados em se aprofundar no funcionamento da economia global.

PIKETTY, T. **O capital no século XXI**. Rio de Janeiro: Intrínseca, 2014.

Um dos aspectos que merecem muita discussão na configuração do espaço econômico global é a distribuição de riqueza. A obra de Piketty é fundamental para se entender de que modo a economia capitalista globalizada pode gerar uma tendência à desigualdade extrema e de que modo é possível reverter esse quadro. A obra é recomendada para estudantes que queiram se aprofundar sobre o tema da desigualdade.

STIGLITZ, J. E. **A globalização e seus malefícios**. São Paulo: Futura, 2002.

Escrita pelo vencedor do Prêmio Nobel da economia, Joseph Stiglitz, a obra mostra que instituições multilaterais, como o Fundo Monetário Internacional (FMI) e o Banco Mundial, muitas vezes não contribuíram, mas sim prejudicaram os países em desenvolvimento que deveriam ajudar. É recomendado para estudantes interessados em ter acesso a uma visão crítica do processo de globalização.

Respostas

Capítulo 1

Atividades de autoavaliação

1. c

2. d

3. d

4. d

5. b

Atividades de aprendizagem

Questões para reflexão

1. A questão propõe a percepção dos processos de independência como consequência, dentre outros aspectos, das limitações das potências coloniais para o exercício pleno do domínio e da gestão dos impérios coloniais, especialmente durante e após a Primeira e a Segunda Guerras Mundiais. Com suas respectivas independências políticas atingidas, os novos Estados, outrora essencialmente limitados à interação com as metrópoles, puderam interagir com os Estados da mesma região de maneira mais ativa e efetiva.

    Essa interação regionalista dos novos atores estatais propiciou à Geografia e às Relações Internacionais a possibilidade de observar maior diversificação e, consequentemente, maior complexidade da agenda internacional, dotada de maiores desdobramentos regionais. Somada a aspectos como o papel da ideologia para os movimentos de independência e para as iniciativas regionalistas (que poderiam, por exemplo, ter um perfil de resistência aos centros globais de poder), essa agenda permite uma análise que não se restringe a um ou a outro campo disciplinar, mas permite uma relativa convergência de perspectivas entre a Geografia e as Relações Internacionais.

2. A questão consiste em uma análise das quatro variáveis-chave que descrevem um complexo regional de segurança, nomeadamente a estrutura anárquica do sistema internacional, o desenho geográfico do complexo regional, a distribuição das capacidades dos atores e a construção social, conforme a proposta teórica de Buzan (2003)[1]. Ao retomar ou remeter ao estudo do Capítulo 3, a questão permite que esses aspectos sejam identificados e assimilados de modo que, com parte da reflexão proposta, recomendamos a aplicação desses conceitos para exemplificar ou comparar complexos regionais de segurança específicos.

Capítulo 2

Atividades de autoavaliação

1. a

2. b

3. c

4. d

5. a

1. As obras citadas nesta seção encontram-se na seção "Referências".

Atividades de aprendizagem

Questões para reflexão

1. A questão permite e demanda uma observação de como laços de mútua dependência de mútuos benefícios econômicos diminuem ou tornam indesejável a aposta no conflito. Um bloco econômico, ao proporcionar benefícios internos a seus membros, como livre-circulação de bens, de capitais, de serviços e de pessoas, acaba por demonstrar aos atores desses blocos os custos de uma interação conflituosa ou belicista, por exemplo. Apesar disso, também é possível levar em conta as possíveis consequências negativas da ampliação da interdependência nesses blocos econômicos, como insatisfações de parcelas das populações envolvidas, tentativas de restringir a livre-circulação de pessoas, busca por maior autonomia econômica nacional em relação ao bloco.

2. A exemplo da questão anterior, esta questão propõe uma reflexão a respeito do impacto de regimes e de instituições internacionais na interação entre os Estados, mas com foco nas agendas de segurança e de defesa. Sendo assim, busca-se compreender se e como o papel da guerra, da força militar e do conflito entre os Estados pode ser diminuído pela cooperação em blocos de segurança ou de defesa.
Para responder à questão, é possível levar em conta que a redução da desconfiança e da insegurança entre Estados potencialmente rivais ou inimigos declarados pode impactar uma redução de gastos e de provocações militares, reduzindo a possibilidade de conflitos. Também é possível considerar que a adesão a um regime ou instituição de segurança ou de defesa coletiva pode diminuir a insegurança diante de outros

Estados com capacidades militares equivalentes ou superiores, particularmente aqueles que não pertençam ou que rivalizem com o regime ou a instituição em questão.

Capítulo 3

Atividades de autoavaliação

1. b

2. c

3. a

4. c

5. d

Atividades de aprendizagem

Questões para reflexão

1. Busca-se estimular a comparação entre o passado e o presente nas dinâmicas conflituosas entre Israel e os países árabes, de modo a identificar os reflexos negativos dessas dinâmicas nas agendas de segurança do Oriente Médio, bem como identificar como essas relações historicamente tensas conduzem Estados e atores não estatais do Oriente Médio a interações marcadas pela instabilidade na região.

2. Pede-se que a definição de protocomplexo seja complementada por um exemplo empírico, de modo a solidificar a compreensão desse conceito. Um exemplo seria apresentar a definição e, em seguida, aplicá-la ao estudo de um protocomplexo africano, de modo a identificar que aspectos contribuem para que

esses protocomplexos não possam ser considerados complexos de segurança de maneira plena. Com essa reflexão, torna-se possível a assimilação das definições e do contraste de complexos e de protocomplexos de segurança.

Capítulo 4

Atividades de autoavaliação

1. c

2. b

3. a

4. a

5. c

Atividades de aprendizagem

Questões para reflexão

1. A proposta apresentada permite uma reflexão a respeito de como eventos passados, referentes ao uso, ao controle e à exploração dos mares, influenciaram ou orientaram os acontecimentos ou as regulações contemporâneas referentes aos direitos no mar. Por meio de exemplos como os Tratados entre Portugal e Espanha mencionados no Capítulo 2, ou por meio da reflexão diante de conceitos como *Mare Liberum*, pretende-se levar em conta o modo como esses acontecimentos moldaram a Convenção das Nações Unidas sobre o Direito do Mar e de que maneira incorpora, rejeita ou modifica aspectos ou acontecimentos históricos orientados ao uso e à exploração dos mares.

2. Ao propor um estudo referente a algum caso recente ligado ao uso, à exploração e ao controle de regiões marítimas em disputa, a questão permite, entre outras possibilidades, que seja feita uma comparação entre eventos passados e situações contemporâneas de tentativas e de reivindicações de uso do mar, sem limitar a resposta a algum caso já proposto, a exemplo da questão anterior. Assim, é possível não apenas realizar uma comparação com eventos históricos mas também identificar e levar em consideração novos aspectos ou novos interesses envolvidos nesse tipo de disputa, a exemplo da reivindicação de direitos de exploração petrolífera ou de outros recursos presentes em áreas marítimas.

Capítulo 5

Atividades de autoavaliação

1. b
2. b
3. a
4. c
5. d

Atividades de aprendizagem

Questões para reflexão

1. A partir do que foi exposto no capítulo, particularmente a respeito do fortalecimento do comércio internacional após o fim da URSS, é possível apresentar os principais aspectos e resultados do processo contemporâneo de globalização econômica e comercial.

2. Por meio do suporte teórico de Milton Santos (2000), o objetivo da questão consiste em refletir a respeito de como a globalização impacta as economias e as sociedades dos países em desenvolvimento, privilegiando uma perspectiva de um autor brasileiro diante do fenômeno da globalização e dos potenciais riscos (e ganhos) para as sociedades dos referidos países.

Sobre os autores

Cleiton Luiz Foster Jardeweski
Oceanógrafo pela Universidade do Vale do Itajaí (Univali), especialista em Educação, Meio Ambiente e Desenvolvimento, possui aperfeiçoamento em Economia do Meio Ambiente com ênfase em Negócios Ambientais e mestrado em Sistemas Costeiros e Oceânicos pelo Centro de Estudos do Mar, todos pela Universidade Federal do Paraná (UFPR). Atualmente, é doutorando em Ciência e Tecnologia Ambiental pela Univali com tese sobre valoração de serviços ecossistêmicos marinhos.

Executou e gerenciou diversos projetos de gestão socioambiental estratégica, planejamento participativo, valoração econômica de serviços ambientais, pesca artesanal, responsabilidade social corporativa, engajamento de *stakeholders* e risco socioambiental para os setores de óleo e de gás, mineração, infraestrutura, logística e investimentos. Desenvolve trabalhos na área de perícia judicial, conservação da natureza, empreendedorismo ambiental e consultorias para grandes empresas.

André Francisco Matsuno da Frota
Mestre em Ciência Política, especialista em Análise Ambiental e graduado em Geografia, todos pela Universidade Federal do Paraná (UFPR). Atualmente é professor do Centro Universitário Uninter e consultor da Ekta Consultoria Socioambiental. Leciona no Uninter as disciplinas de Globalização e Governança Internacional, Política Externa Brasileira, Valores Políticos, História Moderna das Relações Internacionais. Como professor do Ciclo EaD, leciona as disciplinas de Geografia orientadas aos candidatos ao Instituto Rio Branco (IRBR). Como consultor, auxilia na supervisão e na elaboração de projetos socioambientais nacionais e internacionais.

Anexos[1]

Figura 1 - Cartograma de população e produto interno bruto (PIB)

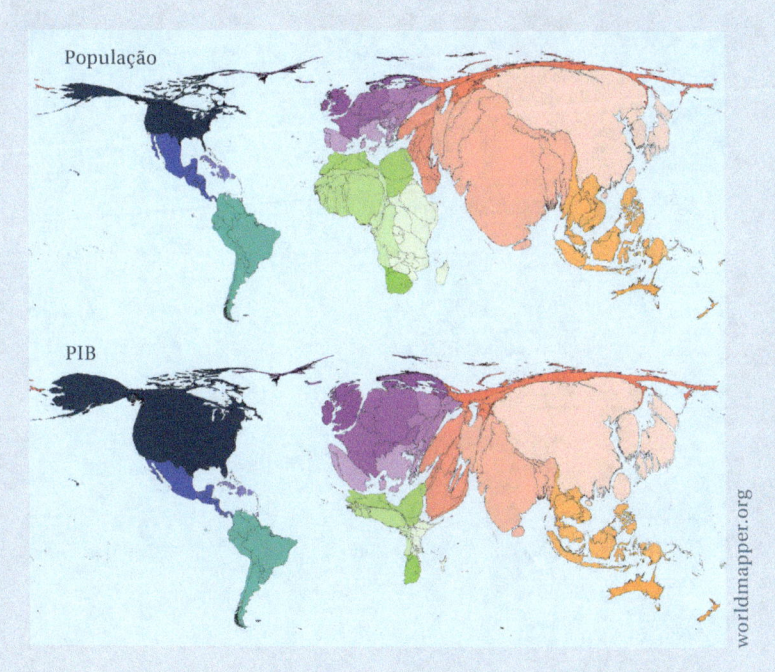

População

PIB

worldmapper.org

Fonte: The World..., 2016.

---

1. As fontes indicadas na Figura 1 e no Mapa 1 se encontram na seção "Referências".

Mapa 1 - Acordos regionais de comércio

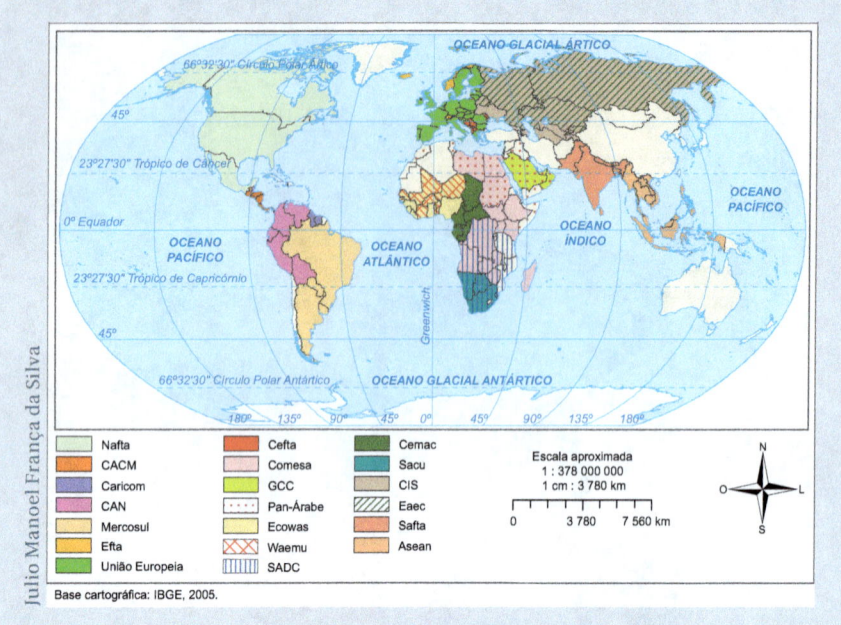

Legenda:
- Nafta
- CACM
- Caricom
- CAN
- Mercosul
- Efta
- União Europeia
- Cefta
- Comesa
- GCC
- Pan-Árabe
- Ecowas
- Waemu
- SADC
- Cemac
- Sacu
- CIS
- Eaec
- Safta
- Asean

Escala aproximada
1 : 378 000 000
1 cm : 3 780 km
0   3 780   7 560 km

Base cartográfica: IBGE, 2005.

Julio Manoel França da Silva

Fonte: Elaborado com base em Crawford; Fiorentino, 2005, p.23.

Os papéis utilizados neste livro, certificados por instituições ambientais competentes, são recicláveis, provenientes de fontes renováveis e, portanto, um meio **respons**ável e natural de informação e conhecimento.

FSC
www.fsc.org
MISTO
Papel produzido
a partir de
fontes responsáveis
FSC® C103535

Impressão: Reproset
Abril/2021